矿井通风

主　编　黄文祥　袁光明

副主编　刘　健　王　毅

重庆大学出版社

内 容 提 要

本书共8个项目，主要内容包括矿井空气及气候条件、井巷空气流动基本理论及应用、矿井通风阻力及测定、矿井通风动力、矿井通风网络中风量分配与调节、矿井通风系统、掘进通风、矿井通风设计等。本书可作为煤矿开采技术专业及专业群教材，也可作为相关专业科研人员的参考用书。

图书在版编目（CIP）数据

矿井通风／黄文祥，袁光明主编. --重庆：重庆大学出版
社,2018.1
煤矿开采技术专业及专业群教材
ISBN 978-7-5689-0959-4

Ⅰ.①矿… Ⅱ.①黄…②袁… Ⅲ.①矿山通风—高等职业教
育—教材 Ⅳ.①TD72

中国版本图书馆 CIP 数据核字（2017）第 319487 号

矿井通风

主 编 黄文祥 袁光明
副主编 刘 健 王 毅
策划编辑：周 立

责任编辑：李定群 版式设计：周 立
责任校对：邬小梅 责任印制：张 策

*

重庆大学出版社出版发行
出版人：易树平
社址：重庆市沙坪坝大学城西路 21 号
邮编：401331
电话：（023）88617190 88617185（中小学）
传真：（023）88617186 88617166
网址：http://www.cqup.com.cn
邮箱：fxk@cqup.com.cn（营销中心）
全国新华书店经销
重庆市国丰印务有限责任公司印刷

*

开本：787mm×1092mm 1/16 印张：12.25 字数：308 千
2018 年 9 月第 1 版 2018 年 9 月第 1 次印刷
印数：1—2 000
ISBN 978-7-5689-0959-4 定价：30.00 元

前　言

　　本书的主要特点是对以往很多教材进行了总结、分析，并结合平时的教育实践，优化了教学内容和教学体系。对一些复杂理论问题予以简化，对许多实际应用问题通过案例和习题予以重点分析，强调实际操作和技术应用的能力，符合高职类学生接受知识的特点和规律。整本教材结构采用理实一体化编写模式，把学习的知识和技能融入项目和任务中，更好地符合高职教育教学的特点和规律。

　　本书主要介绍了矿井空气及气候条件、井巷空气流动基本理论及应用、矿井通风阻力及测定、矿井通风动力、矿井通风网络中风量分配与调节、矿井通风系统、掘进通风、矿井通风设计等方面的内容。根据矿井通风的相关内容和编者特点进行分工，黄文祥、袁光明为主编，刘健、王毅为副主编。具体分工为：项目1和项目4由刘健编写，项目2、项目5、项目6由袁光明编写，项目3由王毅编写，项目7、项目8以及附录等内容由黄文祥编写。黄文祥负责全稿的统筹审定工作。

　　本书编写力求精准，但限于编者水平，书中难免有不妥之处，恳请广大读者批评指正。

编　者

2018 年 1 月

目　录

项目 1
矿井空气及气候条件

项目说明

矿井通风是煤矿生产中一项重要工作,其主要任务就是在矿井生产过程中,持续不断地将地面干净的新鲜空气输送到井下各个作业地点,供给人员呼吸,稀释和排除井下各种有害气体和矿尘,创造良好矿井气候条件,确保井下作业人员的身体健康和劳动安全。本项目着重介绍了矿井空气成分及井下有害气体,以及由此形成的矿井气候条件和对矿井气候条件的改善。

任务 1.1　矿井空气成分

任务目标

1.熟悉地面空气的组成成分。
2.掌握矿井空气的主要组成成分及其基本性质。
3.掌握矿井空气成分的工业卫生标准。

任务描述

地面空气进入井下,空气成分会发生一定变化。通过对矿井空气成分学习,掌握:①井下空气的主要成分及含量;②井下空气的主要成分及含量的测定方法;③工业卫生标准的要求。

知识准备

(1)地面空气

地面空气又称大气,是指包围在地球表面的人们呼吸的空气,是由多种气体组成的混合气体。近于地表面的大气组成成分除了水蒸气的比例随地区和季节变化较大以外,其余组成成分相对稳定,尽管随时间、地点和海拔高度有所变化,但变化不大。空气是一种混合气体,其平均分子量为28.84,空气的主要组成成分为氮气、氧气,平均体积百分比氮气占79%、氧气占20.96%。在干燥的无污染的空气中,通常含有0.1%~0.5%的水蒸气,正常状态时含有1%~3%的水蒸气。

一般将不含水蒸气的空气,称为干空气。干空气是指完全不含水蒸气的空气。它是由氧、氮、二氧化碳、氩、氖和其他一些微量气体组成的混合气体。其组成成分比较稳定,其主要成分见表1.1。

表 1.1　地面干空气组成成分

气体成分	按体积计/%	按质量计/%	备　注
氧气(O_2)	20.96	23.32	惰性稀有气体氦、氖、氩、氪、氙等计在氮气中
氮气(N_2)	79.0	76.71	
二氧化碳(CO_2)	0.04	0.06	

由干空气和水蒸气组成的混合气体,称为湿空气。水蒸气含量的变化会引起湿空气的物理性质和状态变化。

(2)矿井空气

矿井空气是指地面空气进入井下所有巷道以后的气体总称。由于受井下各种自然因素和人为生产因素的影响,矿井空气与地面空气相比将发生一系列变化。主要有:氧气含量减少;有毒有害气体含量增加;粉尘浓度增大;空气的温度、湿度、压力等物理状态变化,等等。

在矿井通风中,习惯上把进入采掘工作面等用风地点之前,空气成分或状态与地面空气相比变化不大的风流称为新鲜风流,简称新风,如进风井筒、水平进风大巷、采区进风上山等处的风流;经过用风地点后,空气成分或状态变化较大的风流称为污风风流,简称污风或乏风,如采掘工作面回风巷、矿井回风大巷、回风井筒等处的风流。

(3)矿井空气的主要成分及其基本性质

尽管矿井中的空气成分有了一定的变化,但主要成分仍同地面一样,由氧气、氮气和二氧化碳等组成。

1)**氧气(O_2)**

氧是无色、无味、无臭的气体,在标准状况下,相对密度为1.429。比空气略大(空气的密度是1.293 g/L)。它微溶入水,1 L水只能溶解约30 mL氧气。氧的化学性质比较活泼,它能与许多物质发生化学反应,同时放出热量。氧能助燃,能供人和动物呼吸。

人的生命是靠吃进食物和吸入空气中的氧气来维持的。因此,空气中氧气的含量对人体健康影响甚大。当氧含量减少时,人们会产生各种不舒适生理反应,严重缺氧会导致死亡(人体缺氧症状与空气中氧气浓度的关系见表1.2)。人体维持正常生命过程所需的氧气量,取决于人的体质、精神状态和劳动强度等。一般情况下,人在休息时的需氧量为0.2~0.4 L/min;在工作时为1~3 L/min。

空气中的氧气浓度直接影响着人体健康和生命安全,当氧气浓度降低时,人体就会产生不良反应,严重者会缺氧窒息甚至死亡。

表 1.2　人体缺氧症状与空气中氧气浓度的关系

氧气浓度(体积)/%	人体主要症状
17	静止状态无影响,工作时会感到喘息、呼吸困难和强烈心跳
15	呼吸及心跳急促,无力进行劳动
10~12	很快进入昏迷状态,若不急救会有生命危险
6~9	人很快就会失去知觉,不急救会导致死亡

地面空气进入井下后,氧气含量减少的主要原因是:人员呼吸、煤(岩)和有机物质的氧化、井下爆破、发生矿内火灾以及瓦斯、煤尘爆炸等。此外,由于混入其他有害气体。尤其是从煤层围岩中涌出大量瓦斯或二氧化碳时,会使空气中氧含量相对减少。

在井下通风不良或无风的井巷中,或在发生火灾及瓦斯煤尘爆炸后的区域,空气中的氧含量可能降得很低,在进入这些地点之前必须进行严格检查,确认无危险时方可进入。

2)氮气(N_2)

氮气是无色、无味、无臭的惰性气体,相对密度为 0.967,微溶于水,在通常情况下,1 体积水只能溶解大约 0.02 体积的氮气。氮气不助燃也不能供给人呼吸。

氮气在正常情况下对人体无害,但空气中含量过多时,会因相对缺氧使人窒息。在井下废弃旧巷或封闭的采空区中,有可能积存氮气。例如,1982 年 9 月 7 日,我国北方某矿因矿井主要通风机停风,井下采空区的氮气大量涌出,致使采煤工作面支架安装人员缺氧窒息,造成多人伤亡事故。

矿内空气中氮气含量增加的原因是有机物质腐烂、爆破工作以及从煤岩层中直接涌出。

3)二氧化碳(CO_2)

二氧化碳是无色、略带酸臭味的气体,相对密度为 1.519,常积聚在通风不良的巷道底部。不助燃也不能供人呼吸,它易溶于水生成碳酸,对人眼、鼻、喉的黏膜有刺激作用,并且能刺激中枢神经,使呼吸加快。当肺气泡中二氧化碳增加 1% 时,人的呼吸将增加 1 倍。基于这个原理,在急救时可让中毒人员首先吸入含 5% 的二氧化碳的氧气,使呼吸频率增加,恢复呼吸功能。

新鲜空气中含量约为 0.03% 的二氧化碳对人是无害的,当空气中的二氧化碳浓度过高时,将使空气中的氧气含量相对降低,轻则使人呼吸加快,呼吸量增加,严重时能使人窒息。空气中二氧化碳浓度不同时对人体的危害程度见表 1.3。

表 1.3　空气中二氧化碳浓度对人体的影响

二氧化碳浓度(体积)/%	人体主要症状
1	呼吸急促
3	呼吸频率增加,呼吸量增加两倍,疲劳加快
5	耳鸣,呼吸困难,血液循环加快
6	严重气喘,极度虚弱无力
10~20	呈昏迷状态,失去知觉,停止呼吸
20~25	窒息或死亡

矿内空气中二氧化碳的主要来源有：坑木腐烂，煤及含碳岩层的缓慢氧化，碳酸性岩石遇水分解，从煤岩层中直接放出，煤炭自燃，矿井火灾或发生煤尘瓦斯爆炸等。另外，人员呼吸和爆破工作也能产生二氧化碳。有时也能从煤岩中大量涌出，甚至与煤或岩石一起突然喷出，给安全生产造成重大影响。

（4）工业卫生标准

矿井空气的主要成分中，由于氧气和二氧化碳对人员身体健康和安全生产影响很大，因此，《煤矿安全规程》（2016版）（以下简称《规程》）对其浓度标准作了明确规定。其主要如下：

《规程》第一百三十五条规定：采掘工作面进风流中，按体积计算，氧气浓度不低于20%；二氧化碳浓度不超过0.5%。

《规程》第一百七十一条规定：矿井总回风巷或一翼回风巷风流中，二氧化碳超过0.75%时，必须立即查明原因，进行处理。

《规程》第一百七十二条规定：采区回风巷、采掘工作面回风巷风流中二氧化碳超过1.5%时，采掘工作面风流中二氧化碳浓度达到1.5%时，都必须停止工作，撤出人员，进行处理。

 任务实施

（1）任务准备

便携式多功能气体检测仪（O_2，CO_2），矿井空气气样。

（2）重点梳理

①矿井空气组成成分。
②矿井空气中 O_2，N_2，CO_2 的浓度对人体的影响。

（3）任务应用

应用1.1 组织学生利用仪器对实训室矿井空气气样进行检测，得出数据，然后填写表1.4。

表1.4 矿井空气气样浓度表

组 别	氧气浓度	二氧化碳浓度	备 注
一组			
二组			
三组			

任务1.2　矿井空气中的主要有害气体

任务目标

1.掌握矿井空气中主要有害气体的组成成分及其性质。

2.掌握矿井空气中主要有害气体的安全标准浓度。

任务描述

通过对本任务的学习,正确掌握矿井主要有害气体的性质及安全浓度,为掌控矿井气候条件打下基础。

知识准备

矿井空气中常见的有害气体主要有一氧化碳(CO)、硫化氢(H_2S)、二氧化硫(SO_2)、二氧化氮(NO_2)、氨气(NH_3)、氢气(H_2)、甲烷(CH_4)等。

(1)矿井主要有害气体性质

1)一氧化碳(CO)

一氧化碳是无色、无味、无臭的气体,相对密度0.967,与空气的比重相近,故能与空气均匀地混合;微溶于水,正常条件下100个体积水中能溶3个体积的一氧化碳;能燃烧,当空气中一氧化碳体积浓度达到13%~75%时,具有爆炸性。

一氧化碳有剧毒。人体血液中的血红蛋白(HB)与一氧化碳的亲和力比其与氧气的亲和力大250~300倍,当CO与血红蛋白(HB)结合后,血液输氧功能大为降低,使人缺氧窒息或死亡。

一氧化碳中毒程度与CO浓度、劳动强度、时间长短有关。表1.5为人处于静止状态时一氧化碳中毒程度与CO浓度、作用时间的关系。

表1.5　一氧化碳的中毒程度与浓度的关系

一氧化碳浓度(体积)/%	主要症状	中毒程度
0.016	数小时后轻度头痛	无征兆或有轻微中毒征兆
0.048	1 h内耳鸣、头晕、头痛、心跳	轻微中毒
0.128	0.5~1 h感觉迟钝,四肢无力,呕吐	严重中毒
0.40	短时间失去知觉、痉挛、假死	致死中毒

一氧化碳中毒除上述症状外,最显著的特征是中毒者黏膜和皮肤呈樱桃红色。

矿井中一氧化碳的主要来源有:爆破工作,1 kg 炸药爆破后可产生一氧化碳 100 L;矿井火灾,1 m³ 木材燃烧后可产生 500 m³ 的一氧化碳;瓦斯及煤尘爆炸等。据统计,在煤矿发生的瓦斯爆炸、煤尘爆炸及火灾事故中,70%~75% 的死亡人员都是因一氧化碳中毒所致。

2)硫化氢(H₂S)

硫化氢是无色、微甜、略带臭鸡蛋味的气体,相对密度为 1.19,易溶于水,在常温常压下,一个体积的水可溶解 2.5 个体积的硫化氢,可溶于旧巷的积水中,有时还会释放出来。硫化氢有燃烧爆炸性,当空气中硫化氢浓度达到 4.3%~45.5% 时具有爆炸性。

硫化氢有剧毒。它不但能使人体血液缺氧中毒,同时对眼睛及呼吸道的黏膜具有强烈的刺激作用,能引起鼻炎、气管炎和肺水肿。当空气中浓度达到 0.000 1% 时可嗅到臭味,但当浓度较高时(0.005%~0.01%),因嗅觉神经中毒麻痹,臭味"减弱"或"消失",反而嗅不到。硫化氢的中毒程度与浓度的关系见表 1.6。

表 1.6 硫化氢的中毒程度与浓度的关系

硫化氢浓度(体积)/%	主要症状
0.000 1	有强烈臭鸡蛋味
0.02	1 h 强烈刺激眼及喉咙,头、呕吐、乏力
0.05	0.5~1 h 严重中毒,失去知觉、抽筋、瞳孔变大,甚至死亡
0.1	很快就有死亡危险

矿井中硫化氢的主要来源有:坑木等有机物腐烂;含硫矿物的水解、氧化及燃烧,从老采空区和旧巷积水中放出;有的还直接从煤体中涌出。1971 年,我国某矿一上山掘进工作面曾发生一起老空区透水事故,人员撤出后,矿调度室主任和一名技术员去现场了解透水情况,被涌出的硫化氢熏倒致死。

3)二氧化硫(SO₂)

二氧化硫是无色、有强烈硫黄燃烧味,当空气中二氧化硫浓度达到 0.000 5% 时即可嗅到刺激气味;相对密度为 2.212,易积聚在巷道底部;易溶于水生成硫酸,能强烈刺激人的眼睛及呼吸道黏膜。

空气中不同浓度二氧化硫对人体的危害见表 1.7。

表 1.7 二氧化硫的中毒程度与浓度的关系

二氧化硫浓度(体积)/%	主要症状
0.000 5	可嗅到燃烧硫黄的气味
0.002	强烈刺激呼吸道,流泪,眼红肿,短时间内死亡
0.05	引起急性支气管炎和肺水肿,短时间内死亡

矿井中二氧化硫主要来源有:含硫矿物的氧化与燃烧;在含硫矿层中爆破;硫化矿物产生的爆炸,等等。

4)二氧化氮(NO₂)

二氧化氮呈红褐色,具有特殊的刺激性气味,相对密度1.588,易溶于水生成亚硝酸、硝酸,对眼睛、呼吸道黏膜和肺部组织有强烈的刺激及腐蚀作用,严重时可引起肺水肿。

二氧化氮中毒有一个潜伏阶段,一般要经过数小时,甚至要超过20 h才会出现明显症状。中毒发作时,出现咳嗽,胸痛,吐黄痰,以致死亡。这种气体对人体的危害见表1.8。二氧化氮和一氧化碳使人中毒的病理不同,所实施的急救措施也就不同。二氧化氮中毒特征是指甲和头发变黄,而一氧化碳中毒时面颊出现红斑点或嘴唇呈桃红色。

表 1.8　二氧化氮的中毒程度与浓度的关系

二氧化氮浓度(体积)/%	主要症状
0.004	2～4 h内不致显著中毒,6 h后出现中毒症状,咳嗽
0.006	短时间内喉咙感到刺激、咳嗽,胸痛
0.01	强烈刺激呼吸器官,严重咳嗽,呕吐、腹泻,神经麻木
0.025	短时间即可致死

矿井中二氧化氮的主要来源是爆破工作。井下进行爆破时,火药爆炸后可产生大量一氧化氮和一氧化碳,而一氧化氮极不稳定,一遇空气即被氧化成二氧化氮。

我国某矿1972年在煤层中掘进巷道时,工作面非常干燥,工人们放炮后立即迎着炮烟进入,结果因吸入炮烟过多,造成二氧化氮中毒,两名工人于次日死亡。因此,在爆破工作中,一定要加强通风,防止炮烟熏人事故。

5)氨气(NH₃)

氨气是一种无色、有浓烈臭味的气体,相对密度为0.6,易溶于水。当空气中的氨气浓度达到30%时遇火有爆炸性。氨气具有毒性。它对皮肤和呼吸道黏膜有刺激作用,可引起咳嗽、头晕,严重时会失去知觉,以致死亡。

氨气主要是在矿井发生火灾或爆炸事故时产生,在火区或冻结站附近会出现氨气。

6)氢气(H₂)

氢气无色、无味、无毒,相对密度为0.07,是井下最轻的有害气体。氢气能燃烧,其点燃温度比瓦斯低(100～200 ℃)。当空气中氢气浓度达到4%～74%时,具有爆炸危险。

井下氢气的主要来源是蓄电池充电。此外,矿井发生火灾和爆炸事故中也会产生。

7)甲烷(CH₄)

甲烷又称沼气,是矿井瓦斯的主要成分。在煤矿生产中,通常把以甲烷为主的有毒有害气体,称为瓦斯。

甲烷是一种无色、无味、无臭、无毒的气体,对空气的比重为0.554,故比空气轻,因此,常积聚于巷道的顶部,上山独头或冒落高顶处。微溶于水,不助燃也不能供呼吸,但空气中沼气含量过大时,因缺氧会使人窒息。沼气的分子直径很小,扩散能力比空气大1.6倍,易从煤岩层穿过而进入井巷中。纯瓦斯不燃烧也不爆炸,只有和适当的空气混合后才有燃烧性和爆炸性,其爆炸界限为5%~16%。

（2）矿井空气中有害气体的安全浓度标准

为了防止有害气体对人体和安全生产造成危害,《规程》中对有害气体的浓度（最高允许浓度）标准作了明确规定,其中主要有害气体的最高允许浓度见表1.9。

表1.9　矿井空气中有害气体最高允许浓度

有害气体名称	最高允许浓度/%
一氧化碳 CO	0.002 4
氧化氮（换算成二氧化氮）NO_2	0.000 25
二氧化硫 SO_2	0.000 5
硫化氢 H_2S	0.000 66
氨 NH_3	0.004

瓦斯、二氧化碳和氢气的允许浓度按有关规定执行。

上述有害气体的安全浓度标准,最高允许浓度的制订都留有较大安全系数,只要在矿井生产中严格遵守《规程》规定,不违章作业,人身安全是完全有保障的。

 任务实施

（1）任务准备

多功能气体检测仪（CD5）,光感式甲烷检测仪,井下有害气体气样 CO,NO_2,SO_2,H_2S,NH_3,CH_4。

（2）重点梳理

①井下有害气体的种类。
②各种有害气体的性质及最高允许浓度。

（3）任务应用

应用1.2　组织学生对井下有害气体气样进行浓度检测,对气样基本性质进行了解。

任务 1.3　矿井气候条件

任务目标

1.掌握构成矿井气候条件的主要指标。

2.掌握构成矿井气候条件的温度、湿度的测量。

3.掌握构成矿井气候条件井巷风量的测量。

任务描述

矿井气候是指矿井空气的温度、湿度和风速等参数的综合作用状态。这 3 个参数的不同组合,便构成了不同的矿井气候条件。矿井气候条件同人体的热平衡状态有密切联系,直接影响着井下作业人员的身体健康和劳动生产率的提高。通过对本任务的学习,掌握矿井气候指标,正确使用仪器、仪表测量矿井空气温度、湿度及井巷的风速。

知识准备

(1)矿井空气的温度、湿度

1)矿井空气温度

①矿井空气的温度

空气的温度是影响矿井气候的重要因素。最适宜的矿井空气温度为 15～20 ℃。《规程》规定:生产矿井采掘工作面空气温度不得超过 26 ℃,机电设备硐室的空气温度不得超过 30 ℃;当空气温度超过时,必须缩短超温地点的工作人员的工作时间,并给予高温保健待遇。采掘工作面的空气温度超过 30 ℃、机电设备硐室的空气温度超过 34 ℃时,必须停止工作。

矿井空气的温度受地面气温、井下围岩温度、机电设备散热、煤炭等有机物的氧化、人体散热、水分蒸发、空气的压缩或膨胀、通风强度等多种因素的影响,有的起升温作用,有的起降温作用。在不同矿井、不同的通风地点,影响因素和影响大小也不尽相同。但总的来看,升温作用大于降温作用。因此,随着井下通风路线的延长,空气温度逐渐升高。

在进风路线上,矿井空气的温度主要受地面气温和围岩温度的影响。冬季地面气温低于围岩温度,围岩放热使空气升温;夏季则相反,围岩吸热使空气降温,因此有冬暖夏凉之感。当然,根据矿井深浅的不同,影响大小也不相同。

在采区和采掘工作面内,由于受煤炭氧化、人体和设备散热等影响,空气温度往往是矿井中最高的,特别是垂深较深的矿井,由于风流在进风路线上与围岩充分进行了热交换,工作面温度基本上不受地面季节气温的影响,且常年变化不大。

在回风路线上,因通风强度较大,加上水分蒸发和风流上升膨胀吸热等因素影响,温度有所下降,常年基本稳定。

②矿井温度测定

使用普通温度计或湿度计中的干温度计测定空气温度,然后换算成绝对温度,记入实验报告中。

测温仪器可使用最小分度 0.5 ℃并经校正的温度计。测温时间一般在 8∶00—16∶00 进行。测定温度的地点应符合以下要求:

a.掘进工作面空气的温度测点,应设在工作面距迎头 2 m 处的回风流中。

b.长壁式采煤工作面空气温度的测点,应在工作面内运输道空间中央距回风道口 15 m 处的风流中。采煤工作面串联通风时,应分别测定。

c.机电硐室空气温度的测点,应选在硐室回风道口的回风流中。

此外,测定气温时应将温度计放置在一定地点 10 min 后读数,读数时先读小数再读整数。温度测点不应靠近人体、发热或制冷设备,至少距离 0.5 m。

2)矿井空气的湿度

①矿井空气的湿度

空气的湿度是指空气中所含的水蒸气量。它有两种表示方法:

A.绝对湿度

绝对湿度是指单位体积湿空气中所含水蒸气的质量(g/m^3),用 f 表示。

空气在某一温度下所能容纳的最大水蒸气量称为饱和水蒸气量,用 $F_饱$ 表示。温度越高,空气的饱和水蒸气量越大。在标准大气压下,不同温度时的饱和水蒸气量如附表 1.1 所示。

B.相对湿度

相对湿度是指空气中水蒸气的实际含量(f)与同温度下饱和水蒸气量($F_饱$)比值的百分数。可表示为

$$\varphi = \frac{f}{F_饱} \times 100\% \tag{1.1}$$

式中 φ——相对湿度,%;

f——空气中水蒸气的实际含量(即绝对湿度),g/m^3;

$F_饱$——在同一温度下空气的饱和水蒸气量,g/m^3。

通常所说的湿度指的都是相对湿度,它反映的是空气中所含水蒸气量接近饱和的程度。一般认为相对湿度在 50%~60%对人体最为适宜。

一般情况下,在矿井进风路线上,空气的湿度随季节变化感觉也不同。冬天冷空气进入井下后温度要升高,空气的饱和水蒸气量加大,沿途吸收水分,因而井巷显得干燥;夏天的热空气入井后温度要降低,饱和水蒸气量逐渐减小,空气中的一部分水分凝结成水珠落下,使井巷显得潮湿,故有冬干夏湿之感。在采掘工作面和回风系统,因空气温度较高且常年变化不大,空气湿度也基本稳定,一般都在 90%以上,甚至接近 100%。

除了温度的影响以外,矿井空气的湿度和还与地面空气的湿度、井下涌水大小及井下生产用水状况等因素有关。

②矿井空气湿度的测定

测量矿井空气湿度的仪器主要有风扇湿度计和手摇湿度计。它们的测定原理相同。常用的是风扇湿度计又称通风干湿表，如图1.1所示。它主要由两支相同的温度计1,2和一个通风器6组成，其中一支温度计的水银液球上包有湿纱布，称为湿温度计，另一支温度计称为干温度计，两支温度计的外面均罩着内外表面光亮的双层金属保护管4,5，以防热辐射的影响；通风器6内装有风扇和发条，上紧发条，风扇转动，使风管7内产生稳定的气流，干、湿温度计的水银球处在同一风速下。

测定相对湿度时，先用仪器附带的吸水管将湿温度计的棉纱布浸湿，然后上紧发条，小风扇转动吸风，空气从两个金属保护管4,5的入口进入，经中间风管7由上部排出。由于湿球表面的水分蒸发需要热量，因而湿球温度计的温度值低于干球温度计的温度值，空气的相对湿度越小，蒸发吸热作用越显著，干湿温度差就越大。根据湿温度计的读数（t',℃）和干、湿度计的读数差值（Δt,℃），由附表1.2即可查出空气的相对湿度φ。

测定时手摇湿度计用手摇，风扇湿度计有带发条转动的小风扇。用前者测量时，用大约120 r/min的速度旋转60 s，使湿温度计外包的湿纱布水分蒸发，吸收热量，湿温度计的指示值下降，根据两温度计上分别读出的干温度和湿温度值查表可得到相对湿度值φ。用后者测量时，首先上紧发条，然后开启风扇，此时小风扇吸风，在湿球周围形成2~5 m/s的风速，60 s后同样读出干温度和湿温度值查表得到相对湿度值φ。测定的数值可按表1.10进行记录。

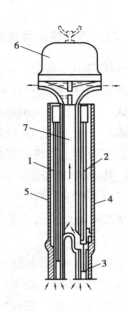

图1.1　风扇湿度计

1—干球温度计；2—湿球温度计；3—湿棉纱布；4,5—双层金属保护管；6—通风器；7—风管

表1.10　空气湿度记录表

仪器类别	测定次数	空气温度/℃		平均干温度/℃	平均湿温度/℃	绝对温度/K	相对湿度/%	饱和蒸气压力/kPa	空气密度/(kg·m⁻³)
		干	湿						
手摇温度计	1								
	2								
	3								
风扇湿度计	1								
	2								
	3								

（2）矿井气候条件指标测定

人体内由于食物的氧化和分解产生大量的热量,其中约有 1/3 消耗于人体组织内的生理化学过程,并维持一定体温,其余 2/3 的热量要散发到体外。人体散热靠对流、辐射和蒸发 3 种方式。这 3 种方式的散热效果,则决定于气候条件。因此空气的温度、湿度和风速是影响人体散热的 3 个要素,在 3 要素的某些组合下,人员感到舒适;在另外一些组合下,则感到不适。

由于影响人体热平衡的环境条件很复杂,各个国家对矿井气候条件采用的评价指标也不尽相同。其中,干球温度是我国现行的最简单的评价矿井气候条件指标之一,但它只反映了温度对矿井气候条件的影响,不太全面,其他评价指标也都有一定的局限性。因此,目前尚无一项指标能完全准确地反映出环境条件对人体热平衡的综合影响。现仅介绍两种较为常用指标。

1）干球温度

干球温度是我国现行的评价矿井气候条件的指标之一。干球温度是温度计在普通空气中所测出的温度,即一般天气预报里常说的气温。

其特点是:在一定程度上直接反映出矿井气候条件的好坏。指标比较简单,使用方便。但这个指标没有反映出气候条件对人体热平衡的综合作用。

2）湿球温度

湿球温度是指同等焓值空气状态下,空气中水蒸气达到饱和时的空气温度。用湿纱布包扎普通温度计的感温部分,纱布下端浸在水中,以维持感温部位空气湿度达到饱和,在纱布周围保持一定的空气流通,便于周围空气接近达到等焓。示数达到稳定后,此时温度计显示的读数近似认为湿球温度。

其特点是:湿球温度这个指标可反映空气温度和相对湿度对人体热平衡的影响,比干球温度要合理些。但这个指标仍没有反映风速对人体热平衡的影响。

（3）矿井空气风速概述及测量

1）风速的概述

风速是指风流的流动速度。风速的大小对人体散热有直接影响。风速过低时,人体多余热量不易散发,会感到闷热不舒服,有害气体和矿尘也不能及时排散;风速过高,人体散热太快,失热过多,易引起感冒,并且造成井下落尘飞扬,对安全生产和人体健康也不利。当空气温度、湿度一定时,增加风速可提高人体散热效果。温度和风速之间的合适关系见表 1.11。

表 1.11　风速与温度之间的合适关系

空气温度/℃	<15	15~20	20~22	22~24	24~26
适宜风速/(m·s^{-1})	<0.5	<1.0	>1.0	>1.5	>2.0

在井巷中,风速受到限制的因素很多,除考虑气候条件影响外,还要符合矿尘悬浮、防止瓦斯积聚及通风阻力等对风速的要求。为此,《规程》对不同井巷中的风流速度作了规定,应符合表 1.12 的要求。

此外,《规程》还规定,设有梯子间的井筒或修理中的井筒,风速不得超过 8 m/s;梯子间四周经封闭后,井筒中的最高允许风速可按表 1.12 执行。

表 1.12　井巷中的允许风流速度

井巷名称	允许风速/(m·s⁻¹)	
	最低	最高
无提升设备的风井和风硐		15
专为升降物料的井筒		12
风桥		10
升降人员和物料的井筒		8
主要进、回风巷		8
架线电机车巷道	1.0	8
运输机巷,采区进、回风巷	0.25	6
采煤工作面、掘进中的煤巷和半煤岩巷	0.25	4
掘进中的岩巷	0.15	4
其他通风人行巷道	0.15	

无瓦斯涌出的架线电机车巷道中的最低风速可低于表 1.12 的规定值,但不得低于 0.5 m/s。

综合机械化采煤工作面,在采取煤层注水和采煤机喷雾降尘等措施后,其最大风速可高于表 1.12 的规定值,但不得超过 5 m/s。

2)风速的测量

《规程》规定:矿井必须建立测风制度,每 10 天进行一次全面测风。对采掘工作面和其他用风地点,应根据实际需要随时测风,每次测风结果应记录并写在测风地点的记录牌上。

矿井应根据测风结果采取措施,进行风量调节。

测量井巷风速的仪表称为风表,又称风速计。目前,煤矿中常用的风表按结构和原理不同,可分为机械式、热效式、电子叶轮式和超声波式等。

①机械式风表

机械式风表是目前煤矿使用最广泛的风表。它全部采用机械结构,多用于测量平均风速,也可用于定点风速的测定。按其感受风力部件的形状不同,又分为叶轮式和杯式两种。

机械叶轮式风表由叶轮、传动蜗轮、蜗杆、计数器、回零压杆、离合闸板、护壳等构成,如图 1.2 所示。

风表按风速的测量范围不同,可分为高速风表(0.8~25 m/s)、中速风表(0.5~10 m/s)和微(低)速风表(0.3~5 m/s)3 种。3 种风表的结构大致相同,只是叶片的厚度不同,启动风速有差异。

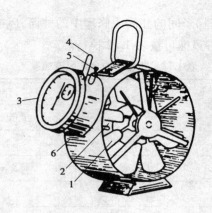

图 1.2　机械叶轮式风表

1—叶轮；2—蜗杆轴；3—计数器；

4—离合闸板；5—回零压杆；6—护壳

由于风表结构和使用中机件磨损、腐蚀等影响，通常风表的计数器所指示的风速并不是实际风速，表速（指示风速）$v_{表}$ 与实际风速（真风速）$v_{真}$ 的关系可用风表校正曲线来表示。风表出厂时都附有该风表的校正曲线，风表使用一段时间后，还必须按规定重新进行检修和校正，得出新的风表校正曲线。如图 1.3 所示为风表校正曲线示意图。

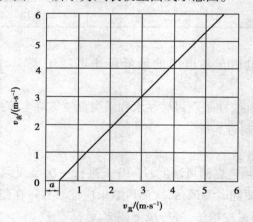

图 1.3　风表校正曲线示意图

风表的校正曲线可表示为

$$v_{真} = a + bv_{表}$$

(1.2)

式中　$v_{真}$——真风速，m/s；

　　　a——表明风表启动初速的常数，决定于风表转动部件的惯性和摩擦力；

　　　b——校正常数，决定于风表的构造尺寸；

　　　$v_{表}$——风表的指示风速，m/s。

目前，我国生产和使用的叶轮式风表主要有 DFA-2 型（中速）、DFA-3 型（微速）、DFA-4 型（高速）、AFC-121（中、高速）、EM9（中速）等。机械叶轮式风表的特点是体积小、质量轻，重复性好,使用及携带方便,测定结果不受气体环境影响;其缺点是精度低,读数不直观,不能满足自动化遥测的需要。

②热效式风表

我国目前生产的主要是热球式风速计。它的测风原理是:一个被加热的物体置于风流中,其温度随风速大小和散热多少而变化,通过测量物体在风流中的温度便可测量风速。由于只能测瞬时风速,且测风环境中的灰尘及空气湿度等对它也有一定的影响,故这种风表使用不太广泛,多用于微风测量。

③电子叶轮式风表

电子叶轮式风表由机械结构的叶轮和数据处理显示器组成。它的测定原理是:叶轮在风流的作用下旋转,转速与风速成正比,利用叶轮上安装的一些附件,根据光电、电感等原理把叶轮的转速转变成电量,利用电子线路实现风速的自动记录和数字显示。它的特点是读数和携带方便,易于实现遥测。

④超声波风速计

超声波风速计是利用超声波技术,通过测量气流的卡蔓涡街频率来测定风速的仪器,目前主要用于集中监控系统中的风速传感器。它的特点是结构简单,寿命长,性能稳定,不受风流的影响,精度高,风速测量范围大。

3)测风方法及步骤

①测风地点

井下测风要在测风站内进行,为了准确、全面地测定风速、风量,每个矿井都必须建立完善的测风制度和分布合理的固定测风站。对测风站的要求如下:

a.应在矿井的总进风、总回风,各水平、各翼的总进风、总回风,各采区和各用风地点的进回风巷中设置测风站,但要避免重复设置。

b.测风站应设在平直的巷道中,其前后各 10 m 范围内不得有风流分叉、断面变化、障碍物和拐弯等局部阻力。

c.若测风站位于巷道断面不规整处,其四壁应用其他材料衬壁呈固定形状断面,长度不得小于 4 m。

d.采煤工作面不设固定的测风站,但必须随工作面的推进选择支护完好、前后无局部阻力物的断面上测风。

e.测风站内应悬挂测风记录板(牌),记录板上写明测风站的测风地点、断面积、平均风速、风量、空气温度、瓦斯和二氧化碳浓度、测定日期以及测定人等项目。

②测风方法

由井巷断面上的风速分布可知,巷道断面上的各点风速是不同的,为了测得平均风速,可采用线路法或定点法。线路法是风表按一定的线路均匀移动,如图1.4所示,根据断面大小,一般分为四线法、六线法和迂回八线法;定点法是将巷道断面分为若干格,风表在每一个格内停留相等的时间进行测定,如图1.5所示。根据断面大小,常用的有9点法、12点法等。

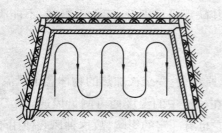
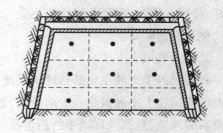

图 1.4　线路法测速　　　　　　　　　　　　图 1.5　定点法测速

测风时,根据测风员的站立姿势不同,可分为迎面法和侧身法两种。

迎面法是测风员面向风流,将手臂伸向前方测风。由于测风断面位于人体前方,且人体阻挡了风流,使风表的读数值偏小,为了消除人体的影响,需将测得的真风速乘以 1.14 的校正系数,才能得到实际风速。

侧身法是测风员背向巷道壁站立,手持风表将手臂向风流垂直方向伸直,然后在巷道断面内作均匀移动。由于测风员立于测风断面内减少了通风面积,从而增大了风速,测量结果较实际风速偏大,故需对测得的真风速进行校正。校正系数 K 可计算为

$$K = \frac{S - 0.4}{S} \qquad (1.3)$$

式中　S——测风站的断面积,m^2;

　　　0.4——测风员阻挡风流的面积,m^2。

③用机械式风表测风步骤

a.测风员进入测风站或待测巷道中,首先估测风速范围,然后选用相应量程的风表。

b.取出风表和秒表,首先将风表指针和秒表回零,然后使风表叶轮平面迎向风流,并与风流方向垂直,待叶轮转动正常后(20~30 s),同时打开风表的计数器开关和秒表,在 1 min 的时间内,风表要均匀地走完测量路线(或测量点),然后同时关闭秒表和计数器开关,读取风表指针读数。为保证测定准确,一般在同一地点要测 3 次,取平均值,并计算表速为

$$v_{表} = \frac{n}{t} \qquad (1.4)$$

式中　v——风表测得的表速,m/s;

　　　n——风表刻度盘的读数,取 3 次平均值,m;

　　　t——测风时间,一般 60 s,10 m^2 以上可用 120 s。

c.根据表速查风表校正曲线,求出真风速 $v_{真}$。

d.根据测风员的站立姿势,将真风速乘以校正系数 K 得实际平均风速 $v_{均}$(m/s),即

$$v_{均} = Kv_{真} \qquad (1.5)$$

e.根据测得的平均风速和测风站的断面积,可计算巷道通过的风量为

$$Q = v_{均}S \qquad (1.6)$$

式中　Q——测风巷道通过的风量,m^3/s;

S——测风站的断面积,m^2,按下列公式测算:

梯形巷道

$$S = HB = \frac{(a+b)H}{2} \tag{1.7}$$

三心拱巷

$$S = B(H - 0.07B) = B(C + 0.26B) \tag{1.8}$$

半圆拱巷道

$$S = B(H - 0.11B) = B(C + 0.392B) \tag{1.9}$$

式中 H——巷道净高,m;

  B——梯形巷道为半高处宽度,拱形巷道为净宽,m;

  C——拱形巷道墙高,m;

  a——梯形巷道上底净宽,m;

  b——梯形巷道下底净宽,m。

④测风时应注意的问题

a.风表的测量范围要与所测风速相适应,避免风速过高、过低造成风表损坏或测量不准。

b.风表不能距离人体和巷道壁太近,否则会引起较大误差。

c.风表叶轮平面要与风流方向垂直,偏角不得超过$10°$,在倾斜巷道中测风时尤其要注意。

d.按线路法测风时,路线分布要合理,风表的移动速度要均匀,防止忽快忽慢,造成读数偏差。

e.秒表和风表的开关要同步,确保在 1 min 内测完全线路(或测点)。

f.有车辆或行人时,要等其通过后风流稳定时再测。

g.同一断面测定 3 次,3 次测得的计数器读数之差不应超过 5%,然后取其平均值。

⑤微风测量

当风速很小(低于 0.1~0.2 m/s)时,很难吹动机械风表的叶轮,即便能使叶轮转动也难测得准确结果,此时可采用烟雾、气味或者粉末作为风流的传递物进行风速测定。

 任务实施

(1)任务准备

干湿温度计,机械轮式风表(微速、中速、高速各 1),卷尺(50 m),秒表,模拟矿井(或风扇代替)。

(2)重点梳理

①利用干湿温度计测量矿井温度、湿度。

②利用风表测量矿井巷道定点部位的风速。

（3）任务应用

应用 1.3 在井下某处用风扇湿度计测得风流的干球温度为 24.2 ℃，湿球温度为 20.2 ℃。求此处空气的相对湿度。

应用 1.4 根据模拟矿井巷道内风速，合理选择风表，用侧身线路法测量巷道风速，得出数据并填入表 1.13，并计算出该点的风量。

表 1.13 测风数据表

测风点序号	表风速 /(m · s^{-1})	风表校正曲线	断面积 /m^2	风量 /(m^3 · s^{-1})
1				
2				
3				

任务 1.4 矿井气候条件改善

任务目标

掌握改善矿井气候条件方法。

任务描述

通过调节矿井空气温度和风速来达到控制、改善矿井气候条件。

知识准备

改善矿井气候条件的目的在于对井下特别是采掘工作面的空气温度、湿度和风速三者进行合理调配，给井下工作人员创造较好的作业环境，提高劳动生产率。在矿井中控制空气湿度比较困难，因此，主要从调节气温和风速入手。其中，常用的调节温度措施简述如下：

（1）空气预热

我国北方地区，冬季施工时气温很低。井筒、井底车场可能出现冻冰现象，影响人员健康和提升、运输等工作的安全。因此，必须对冷空气预热。《规程》规定：进风井口以下的空气温度（干球温度）必须在 2 ℃以上。

空气预热就是使用蒸汽、水暖或其他设备，将一部分空气（15% ~ 40%）预热到 70 ~ 80 ℃，再使其与冷空气混合,使混合后的空气温度达到 2 ℃以上。按冷热空气混合方式的不同,预热方式有井筒混合式,井口房混合式,井筒、井口房混合式 3 种。

1)**井筒混合式**

这种布置方式是将被加热的空气通过专用通风机和热风道送入井口 2 m 以下,在井筒内进行热风和冷风的混合,如图 1.6 所示。

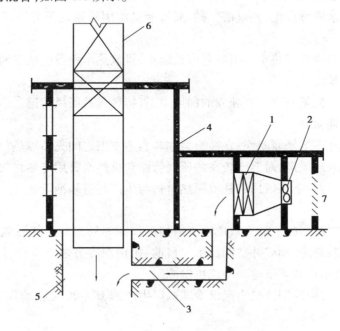

图 1.6　井筒混合式空气预热

1—加热器;2—暖风机;3—热风道;4—井口房;5—进风井;6—井架;7—百叶窗

2)**井口房混合式**

这种布置方式是将热风直接送入井口房内进行混合,使混合后的空气温度达到 2 ℃以上后再进入井筒。

3)**井筒、井口房混合式**

这种布置方式是前两种方式的结合,它将大部分热风送入井筒内混合,将小部分热风送入井口房内混合,再送入井下。

(2)**降温措施**

我国南方地区,夏季地面气温常达 38~40 ℃,直接影响到井下气温。有的矿井随着开采深度的增加,地温增高,或有的受热水源等因素影响,使井下气温升高,超过《规程》的规定。因此,必须采取降温措施。具体方法如下:

1)**增加风量**

当热害不太严重时,用提高通风强度即增大风量提高风速的方法来降温是行之有效的降温措施。

2)选择合理的通风系统

矿井通风系统或采区通风系统中应尽量缩短进风风流的路线长度,并使进风巷道位于热源温度较低的层位中,以减少风流被加热的机会;采煤工作面通风时,可选择下行通风方式,将机电设备、煤炭运输地点等选择在回风风流中,以降低这些局部热源对工作面影响。

3)降低进风井巷的空气温度

在进风井设冷水喷淋设施,井口搭凉棚,或将低温水用管道送至井下,通过热交换冷却进风风流。

进风井巷应尽量避开有热水涌出的巷道或地点,排放热水设备应放在回风流中,将热水由回风道或专门巷道排出。

散热量多的大型机械硐室要有独立的回风道,直接导入总回风巷道。

4)减少各种热源散热

如减少煤炭在井下的暴露时间;在高温岩壁与巷道支架之间充填隔热材料;井下大型机电设备硐室设置单独的通风道;对温度较高的压气管路和排热水管用绝热材料包裹;及时封堵或合理排除井下热水,将井下火区用岩柱或隔热材料与生产巷道隔绝等。

5)制冷降温

当采用通常的降温措施不能有效地解决采掘工作面等局部地点的高温问题时,就必须采用机械制冷设备强制制冷,即矿井空调技术。目前,机械制冷方法有 3 种:地面集中制冷机制冷、井下集中制冷机制冷和井下移动冷冻机制冷。

目前,我国井下常用的制冷机为武汉冷冻机厂生产的 JKT-20 型移动式空调机组。它的整机安设系统如图 1.7 所示。

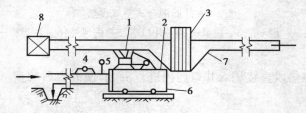

图 1.7 JKT-20 型移动式空调机组安装系统图

1—压缩机;2—冷凝器;3—蒸发器;4—流量计;5—压力表;6—车轮;7—风筒;8—局部通风机

该机将压缩机、蒸发器、冷凝器组装在一个 600 mm 轨距的平板车上,用 11 kW 局部通风机使风流经蒸发器后冷却,再用双层隔热橡皮风筒送到采掘工作面,达到降温目的。该机体积小、质量轻,运转平稳,安设简便,适用于移动频繁的掘进工作面。由于人工制冷降温不仅增加了许多工作量,还要增加许多额外投资。因此,只有当其他降温措施不能奏效或不经济时,才考虑采用。

任务实施

（1）**任务准备**

干湿温度计，电子叶轮式风表，模拟矿井，上井口空气预热（降温）设施。

（2）**重点梳理**

改善矿井气候条件的主要措施。

（3）**任务应用**

应用 1.5　组织学生分两组实训，一组在模拟矿井上井口，另一组在模拟矿井里，井下持有干湿温度计和电子叶轮式风表，进行气候参数测量。在启动模拟矿井上井口空气预热（降温）设施后进行矿井气候参数测量对比，并将数据填入表 1.14，然后互换进行实训。

表 1.14　矿井气候参数对比表

预热（降温）装置	温度	湿度	风速
启动前			
启动后			

项目 2
井巷空气流动基本理论及应用

 项目说明

本项目将介绍空气的主要物理参数、性质,讨论空气在流动过程中所具有的能量(压力)及其能量的变化。根据热力学第一定律和能量守恒及转换定律,结合矿井风流流动的特点,分析矿井风流任一断面上的机械能和风流沿井巷运动的能量变化规律及其应用,为以后项目和任务的学习提供理论基础。

任务 2.1　矿井空气主要物理参数

 任务目标

1.正确理解与矿井通风密切相关的空气物理性质的概念。

2.掌握与矿井通风密切相关的空气物理性质——温度、压力(压强)、密度、比体积、黏性及湿度等的计算。

 任务描述

矿井空气的物理性质对矿井通风的能量变化有着极其重要的影响。本任务通过学习与矿井通风密切相关的空气物理参数的性质,为后续学习矿井通风能量分析打下坚实的基础。

 知识准备

(1)温度

温度是描述物体冷热状态的物理量。测量温度的标尺简称温标。热力学绝对温标的单位为 K(Kelvin),用符号 T 表示。热力学温标规定纯水三态点温度(即气、液、固三相平衡态时的

22

温度)为基本定点,定义为 273.15 K,每 1 K 为三相点温度的 1/273.15。

国际单位制还规定摄氏(Celsius)温标为实用温标,用 t 表示,单位为摄氏度,代号为℃。摄氏温标的每 1 ℃ 与热力学温标的每 1 K 完全相同,它们之间的关系为

$$T = 273.15 + t \tag{2.1}$$

温度是矿井表征气候条件的主要参数之一。《煤矿安全规程》第一百零八条规定:生产矿井采掘工作面的空气温度不得超过 26 ℃;机电硐室的空气温度不得超过 30 ℃。

(2)压力(压强)

地球表面一层很厚的空气层对地面所形成的压力,称为大气压力。矿井通风学中,习惯把压强称为压力,空气的压力也称为空气的静压,用符号 p 表示。它是空气分子热运动对器壁碰撞的宏观表现。其大小取决于大重力场中位置相对高度,空气相对温度、湿度(相对湿度)和气体成分等参数。

根据物理学的分子运动理论,气体作用于器壁的压力 p 正比于单位体积内分子数 n 和分子平均动能。其关系式为

$$p = \frac{2}{3}n\left(\frac{1}{2}mv^2\right) \tag{2.2}$$

式中　n——单位体积内的空气分子数;

$\frac{1}{2}mv^2$——分子平移运动的平均动能。

式(2.2)阐述了气体压力的本质,是气体分子运动的基本公式之一。由式(2.2)可知,空气的静压力是单位体积内空气分子不规则热运动产生的总动能的 2/3 转化为能对外做功的机械能的宏观表现,故压力的大小表示单位体积气体压能的数量,这是气体所具有的普遍物理性质,其大小可用仪器来测量,空盒气压计、水银气压计、水柱计、精密气压计等是常用测量仪器。压力的单位为 Pa(帕斯卡,1 Pa = 1 N/m²)。压力较大时,可采用 kPa(1 kPa = 10^3 Pa)、MPa(1 MPa = 10^3 kPa = 10^6 Pa)。

在地球引力(重力)场中的大气层空气由于重力的影响,空气的密度与压力均随着离地表的高度而减小。大气层的存在和大气压力随高度而变化的规律是分子热运动和地球引力作用两者协调的结果。如果没有地球引力,则空气分子将逸散到广大的宇宙空间而不存在大气层。

实际上各地的大气压力还与地表气象因素有关,一年 4 季,甚至一昼夜内都有明显的变化。例如,安徽淮南地区一昼夜内空气压力的变化为 0.97 ~ 0.40 kPa;一年中的空气压力变化可高达 4~5.3 kPa。一般来说,在同一水平面,不大的范围内,可认为空气压力是相同的。

(3)密度

空气和其他物质一样具有质量。单位体积空气所具有的质量称为空气的密度,用符号 ρ 表示。空气可看作均质流体,故

$$\rho = \frac{M}{V} \tag{2.3}$$

式中　ρ——空气的密度,kg/m³;

　　　M——空气的质量,kg;

V ——空气的体积,m^3。

一般来说,当空气的温度和压力改变时,其体积会发生变化。因此,空气的密度是随温度、压力而变化的,从而可得出空气的密度是空间点坐标和时间的函数。如在大气压 p_0 为 101325 Pa、气温为 0 ℃(273.15 K)时,干空气的密度为 1.293 kg/m^3。

湿空气的密度是 1 m^3 空气中所含干空气质量和水蒸气质量之和,即

$$\rho = \rho_d + \rho_v \tag{2.4}$$

式中　ρ_d ——1 m^3 空气中干空气的质量,kg;

　　　ρ_v ——1 m^3 空气中水蒸气的质量,kg。

由气体状态方程和道尔顿分压定律,可得出湿空气的密度计算公式为

$$\rho = 0.003\,484\,\frac{p}{273 + t}\left(1 - \frac{0.378\varphi p_s}{p}\right) \tag{2.5}$$

式中　p ——空气的压力,Pa;

　　　t ——空气的温度,℃;

　　　p_s ——温度 t 时饱和水蒸气的分压,Pa;

　　　φ ——相对湿度,用小数表示。

(4)比体积

空气的比体积是指单位质量空气所占有的体积,用符号 v(m^3/kg)表示。比体积和密度互为倒数,则

$$v = \frac{V}{M} = \frac{1}{\rho} \tag{2.6}$$

它们是一个状态参数的两种表达方式。在矿井通风中,空气流经复杂的通风网络时,其温度和压力将会发生一系列的变化,这些变化都将引起空气密度的变化。在不同的矿井,其变化规律是不同的。在实际应用中,应考虑什么情况下可忽略密度的这种变化,而在什么条件下又是不可忽略的。

(5)黏性

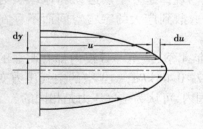

图 2.1　层流速度分布

当流体层(空气分子)间发生相对运动时,在流体内部两个流体层的接触面上,便产生黏性阻力(内摩擦力)以阻止相对运动,流体具有的这一性质,称为流体的黏性。例如,空气在管道内作层流流动时,管壁附近的流速较小,向管道轴线方向流速逐渐增大(见图 2.1)。在垂直流动方向上,设有厚度为 dy(m)、速度为 u(m/s),速度增量为 du(m/s)的分层,在流动方向上的速度梯度为 du/dy($S-1$)。由牛顿内摩擦定律,得

$$F = \mu \cdot S \cdot \frac{du}{dy} \tag{2.7}$$

式中　F ——内摩擦力,N;

　　　S ——流层之间的接触面积,m;

　　　μ ——动力黏度(或称绝对黏度),Pa·s。

由式(2.7)可知,当流体处于静止状态或流层间无相对运动时,$dy/du=0$,则 $F=0$。

在矿井通风中还常用运动黏度,用符号 $\upsilon(m^2/s)$ 表示,即

$$\upsilon = \frac{\mu}{\rho} \tag{2.8}$$

温度是影响流体黏性的主要因素之一,但对气体和液体的影响不同。气体的黏性随温度的升高而增大;液体的黏性随温度的升高而减小,如图 2.2 所示。

在实际应用中,压力对流体的黏性影响很小,可以忽略。由式(2.8)可知,对可压缩流体,运动黏性与密度有关,即与压力有关。因此,在考虑流体的可压缩性时,常采用动力黏度而不用运动黏度。表 2.1 为几种有关流体的黏度。

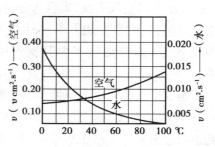

图 2.2　空气水的黏性随温度的变化规律

表 2.1　几种流体的黏度($0.1\ MPa,t=20\ ℃$)

流体名称	动力黏度 $\mu/(Pa\cdot s)$	运动黏度 $\upsilon/(m^2\cdot s^{-1})$
空气	1.808×10^{-5}	1.501×10^{-5}
氮气(N_2)	1.76×10^{-5}	1.41×10^{-5}
氧气(O_2)	2.04×10^{-5}	1.43×10^{-5}
甲烷(CH_4)	1.08×10^{-5}	1.52×10^{-5}
水	1.005×10^{-3}	1.007×10^{-6}

(6)湿度

空气的湿度表示空气中所含水蒸气量的多少或潮湿程度。表示空气湿度的方法有绝对湿度、相对湿度和含湿量 3 种。

1)绝对湿度

每立方米空气中所含水蒸气的质量,称为空气的绝对湿度。其单位与密度单位相同,其值等于水蒸气在其分压力与温度下的密度,用符号表示为

$$\rho_V = \frac{M_V}{V} \tag{2.9}$$

式中　M_V——水蒸气的质量,kg;

　　　V——空气的体积,m^3。

在一定的温度和压力下,单位体积空气所能容纳的水蒸气量是有限的,超过这一极限值,多余的水蒸气就会凝结出来。这种含有极限值水蒸气的湿空气称为饱和空气,其所含的水蒸气量称为饱和湿度,用 ψ 表示;饱和水蒸气压力称为饱和蒸气压,用 p_s 表示。绝对湿度虽然反映了空气中实际所含水蒸气量的大小,但不能反映空气的干湿程度。

2)相对湿度 φ

单位体积空气中实际含有的水蒸气量 ρ_V 与其同温度下的饱和水蒸气含量 ρ_s 之比,称为

空气的相对湿度,可表示为

$$\varphi = \frac{\rho_v}{\rho_s} \qquad (2.10)$$

φ 值可用小数表示,也可用百分数表示。其大小反映了空气接近饱和的程度,故称饱和度。φ 值小表示空气干燥,吸收水分的能力强;反之,φ 值大则空气潮湿,吸收水分能力弱。$\varphi = 0$,即为干空气;$\varphi = 1$,即为饱和空气。水分向空气中蒸发的快慢和相对湿度直接有关。

不饱和空气随温度的下降其相对湿度逐渐增大。冷却达到 $\varphi = 1$ 时的温度,称为露点。再继续冷却,空气中的水蒸气就会因过饱和而凝结成水珠;反之,当空气温度升高时,空气的相对湿度将会减小。

3）湿度测量

矿井空气湿度的测定通常采用风扇湿度计,又称通风干湿表,如图 2.3 所示。它主要由两支相同的温度计和一个通风器组成。水银温度计 1 为干球温度计;水银温度计 2 的水银球上裹有一层湿的棉纱布 3,为湿球温度计;水银温度计的外面均罩着内外表面光亮的双层金属保护管 4 和 5,以防热辐射的影响;通风器 6 内有发条和风扇,风扇在发条作用下工作,以在风管 7 中产生稳定的气流,使温度计的水银球处于同一风速下,测定流动状态下的空气温度。使用时,先湿润纱布,然后上紧发条,小风扇转动,空气由金属保护管 4 和 5 吸入,经中间管从上部排出。由于湿球表面的水分蒸发

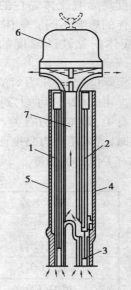

图 2.3　DHM2 型风扇
式湿度计

1—干球温度;2—湿球温度;
3—棉纱布;4,5—双层金属保护管;
6—通风器;7—风管

要吸热,因而湿球温度计的温度低于干球温度计的示数,空气的相对湿度越小,蒸发吸热作用越显著,干湿温度差也就越大。根据干、湿温度计读值的差值（Δt ℃）和湿球温度计读值（t' ℃）,然后由对应表即可查出空气的相对湿度 φ。

任务实施

（1）任务准备

课件,教案,多媒体设备,矿井通风实验室。

（2）重点梳理

①空气密度、压强、黏性、比体积、湿度（绝对湿度、相对湿度）等概念。
②利用湿度计进行湿度测量。

（3）任务应用

应用 2.1　将同学分成 3~5 人一组，讨论影响空气密度大小的主要因素有哪些，压力和温度相同的干空气和湿空气相比，哪种空气的密度大，为什么。

应用 2.2　在井下某巷道用风扇式湿度计测得，风流的干球温度为 25.6 ℃，湿球球温度为 23.5 ℃。试求风流的相对湿度。

任务 2.2　井巷风流运动特征及连续方程

任务目标

1.熟悉风流能量与压力的关系。
2.掌握风量静压、动压和位能的概念。
3.掌握风量点压力的测定。

任务描述

能量与压力是通风工程中两个重要的基本概念，它们既密切相关又有区别。风流之所以能在系统中流动，其根本的原因是系统中存在着促使空气流动的能量差。当空气的能量对外做功有力的表现时，就把它称为压力。压力是可以感测的。因此，压力可理解为：单位体积空气所具有的能够对外做功的机械能。

知识准备

（1）风流能量与压力

1）静压能——静压
①静压能与静压的概念
由分子运动理论可知，无论空气是处于静止还是流动状态，空气的分子无时无刻不在作无秩序的热运动。这种由分子热运动产生的分子动能的一部分转化为能够对外做功的机械能，称为静压能，用 E_p 表示（J/m³）。当空气分子撞击到器壁上时就有了力的效应，这种单位面积上力的效应称为静压力，简称静压，用 p 表示（N/m²，即 Pa）。

在矿井通风中，压力的概念与物理学中的压强相同，即单位面积上受到的垂直作用力。静压力也可称静压能。

综上所述，由空气分子热运动而具有静压能是内涵，空气分子撞击器壁而有力的效应则是外在表现。静压能和静压是一个事物的两个方面，它们在数值上大小相等。

②静压特点

a.无论静止的空气还是流动的空气都具有静压力。

b.风流中任一点的静压各向同值,且垂直于作用面。

c.风流静压的大小(可用仪表测量)反映了单位体积风流所具有的能够对外做功的静压能的多少。如说风流的压力为101 332 Pa,则指每1 m³风流具有101 332 J的静压能。

③压力的两种测算基准

根据压力的测算基准不同,压力可分为绝对压力和相对压力。

a.绝对压力:以真空为测算零点(比较基准)而测得的压力,称为绝对压力,用 p 表示。

b.相对压力:以当地当时同标高的大气压力为测算基准(零点)测得的压力,称为相对压力,即通常所说的表压力,用 h 表示。

风流的绝对压力(p)、相对压力(h)和与其对应的大气压(p_0)三者之间的关系为

$$h = p - p_0 \tag{2.11}$$

某点的绝对静压只能为正,它可能大于、等于或小于该点同标高的大气压 p_0。因此,相对压力可正可负。相对压力为正称为正压,相对压力为负称为负压。图2.4较直观地反映了绝对压力和相对压力的关系。设有 A,B 两点同标高,A 点绝对压力 p_A 大于同标高的大气压 p_0,h_A 为正值;B 点的绝对压力 p_B 小于同标高的大气压 p_0,h_B 为负值。

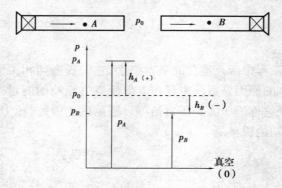

图2.4 绝对压力、相对压力和大气压的关系

2)重力位能

①重力位能的概念

物体在地球重力场中因地球引力的作用,由于位置的不同而具有的一种能量,称为重力位能,简称位能,用 E_{p0} 表示。如果把质量为 $M(\text{kg})$ 的物体从某一基准面提高 $Z(\text{m})$,就要对物体克服重力做功 $MgZ(\text{J})$,物体因而获得同样数量(MgZ)的重力位能,即

$$E_{p0} = MgZ \tag{2.12}$$

当物体从此处下落,该物体就会对外做功 MgZ(是指同一基准面)。这里强调指出,重力位能是一种潜在的能量,它只有通过计算得其大小。

②重力位能计算

重力位能的计算应有一个参照基准。在如图2.5所示的井筒中,欲求1—1,2—2两断面间的位能差,则取2—2点为基准面(2—2断面的位能为零)。计算1—1,2—2两断面间重力位能为

$$E_{p012} = \int_2^1 \rho_i g \mathrm{d}Z_i \tag{2.13}$$

式(2.13)是重力位能的数学定义式,即 1—1,9—2 两断面间的位能差就等于 1—1,2—2 两断面间单位面积上的空气柱质量。

在实际测定时,可在 1—1,2—2 断面间再布置若干测点(测点间距视具体情况而定),如图 2.5 所示加设了 a,b 两点。分别测出这 4 点的静压 p、温度 t、相对湿度 φ,计算出各点的密度和各测段的平均密度。再计算 1—1,2—2 断面间的位能差为

$$E_{p012} = \rho_{1a}Z_{1a}g + \rho_{ab}Z_{ab}g + \rho_{b2}Z_{b2}g$$
$$= \sum \rho_{ij}Z_{ij}g \tag{2.14}$$

测点布置的越多,计算的重力位能越精确。

在实际应用中,由于密度与标高的变化关系比较复杂。因此,在计算重力位能时,一般采用多测点计算法,即用式(2.13)测算。

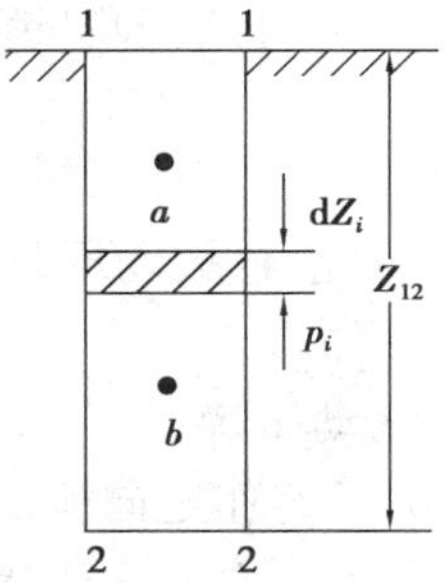

③位能与静压的关系

当空气静止时($v=0$),如图 2.5 所示的系统。由空气静力学可知,各断面的机械能相等。设以 2—2 断面为基准面。

1—1 断面的总机械能为

$$E_1 = E_{p01} + p_1$$

2—2 断面的总机械能为

$$E_2 = E_{p02} + p_2$$

由 $E_1 = E_2$,得

图 2.5　重力位能计算图

$$E_{p01} + p_1 = E_{p02} + p_2 \tag{2.15}$$

由于 $E_{p02} = 0$(2—2 断面为基准面),$E_{p01} = \rho_{12}gZ_{12}$,故

$$p_2 = E_{p01} + p_1 = E_{p02} + p_2 \tag{2.16}$$

式(2.16)就是空气静止时位能与静压之间的关系。它说明 2—2 断面的静压大于 1—1 断面的静压,其差值是 1—2 两断面间单位面积上的空气柱质量,或者说 2—2 断面静压大于 1—1 断面静压是 1—2 断面位能差转化而来的。

在矿井通风中把某点的静压和位能之和,称为势能。

应当注意,当空气流动时,又多了动压和流动损失,各能量之间的关系会发生变化,式(2.16)将要进行相应的变化,这将在后面讨论。

④位能的特点

a.位能是相对某一基准面而具有的能量,它随所选基准面的变化而变化。在讨论位能时,必须首先选定基准面。一般应将基准面选在所研究系统风流流经的最低水平。

b.位能是一种潜在的能量,常说某处的位能是对某一基准面而言,它在本处对外无力的效应,即不呈现压力,故不能像静压那样用仪表进行直接测量。只能通过测定高差及空气柱的平均密度来计算。

c.位能和静压可以相互转化,当空气由标高高的断面流至标高低的断面时,位能转化为静压;反之,当空气由标高低的断面流至标高高的断面时,部分静压转化为位能。在进行能量转化时,遵循能量守恒定律。

3）动能与动压

①动能与动压概念

当空气流动时，除了位能和静压能外，还有空气定向运动的动能，用 E_v 表示，J/m^3；其动能所转化显现的压力称为动压或称速压，用符号 h_v 表示，单位 Pa。

这里需要注意的是，空气分子热运动产生的动能与空气宏观定向运动产生的动能的区别。

②动压计算

设某点 i 的空气密度为 $\rho_i(kg/m^3)$，其定向运动的流速也即风速为 $v_i(m/s)$，则单位体积空气所具有的动能 $E_{vi}(J/m^3)$ 为

$$E_{vi} = \frac{1}{2}\rho_i v_i^2 \tag{2.17}$$

E_{vi} 对外所呈现的动压 $h_{vi}(Pa)$ 为

$$h_{vi} = \frac{1}{2}\rho_i v_i^2 \tag{2.18}$$

由此可见，动压是单位体积空气在作宏观定向运动时所具有的能够对外做功的动能的多少。

③动压特点

a.只有作定向流动的空气才具有动压，因此，动压具有方向性。

b.动压总是大于零。垂直流动方向的作用面所承受的动压最大（即流动方向上的动压真值）；当作用面与流动方向有夹角时，其感受到的动压值将小于动压真值；当作用面平行流动方向时，其感受的动压为零。因此，在测量动压时，感压孔垂直于运动方向。

c.在同一流动断面上，由于风速分布的不均匀性，各点的风速不相等，所以其动压值不等。

d.某断面动压即为该断面平均风速计算值。

（2）风流点压力及其相互关系

1）风流点压力

风流的点压力是指测点的单位体积（$1 m^3$）空气所具有的压力。在井巷和通风管道中流动的风流的点压力，就其形成的特征来说，可分为静压、动压和全压（风流中某一点的静压和动压之和，称为全压）。根据压力的两种计算基准，静压又分为绝对静压 p 和相对静压 h。同理，全压也可分绝对全压（p_t）和相对全压（h_t）。

在风筒中，断面上的风速分布是不均匀的，一般中心风速大，随距中心距离增大而减小。因此，在断面上相对全压机是变化的。

无论是压入式还是抽出式，其绝对全压均可表示为

$$p_{ti} = p_i + h_{vi} \tag{2.19}$$

式中　p_{ti}——风流中点的绝对全压，Pa；

p_i——风流中点的绝对静压，Pa；

h_{vi}——风流中点的动压，Pa。

由于 $h_{vi} > 0$，故由式（2.19）可得，风流中任一点（无论是压入式还是抽出式）的绝对全压恒大于其绝对静压，即

$$p_{ti} > p_i \tag{2.20}$$

风流中任一点的相对全压为

$$h_{ti} = p_{ti} - p_{0i}$$

(2.21)

式中　p_{0i}——当时当地与风道中 i 点同标高的大气压，Pa。

在压入式风道中（$p_{ti}>p_{0i}$）

$$h_{ti} = p_{ti} - p_{0i} > 0$$

在抽出式风道中（$p_{ti}<p_{0i}$）

$$h_{ti} = p_{ti} - p_{0i} < 0$$

在图2.6的通风管道中，图2.6（a）为压入式通风，在压入式通风时，风筒中任一点 i 的相对全压 h_{ti} 恒为正值，故称正压通风；图2.6（b）为抽出式通风，在抽出式通风时，除风筒的风流入口断面的相对全压为零外，风筒内任一点 i 的相对全压 h_{ti} 恒为负值，故称负压通风。

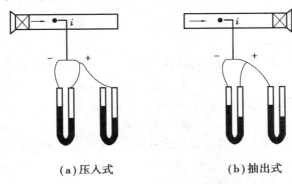

（a）压入式　　　　　　（b）抽出式

图2.6　不同的通风方法点压力示意图

由此可知，风流中任一点的相对全压有正负之分，它与通风方式有关。而对于风流中任一点的相对静压，其正负不仅与通风方式有关，还与风流流经的管道断面变化有关。在抽出式通风中，其相对静压总是小于零（负值）；在压入式通风中，一般情况下，其相对静压是大于零（正值），但在一些特殊的地点其相对静压可能出现小于零（负值）的情况，如在通风机出口的扩散器中的相对静压一般应为负值。对这一点在学习中应给予注意。

2）风流点压力测定

测定风流点压力的常用仪器是压差计和皮托管。

压差计是度量压力差或相对压力的仪器。在矿井通风中测定较大压差时，常用 U 形水柱计；测值较小或要求测定精度较高时，则用各种倾斜压差计或补偿式微压计；现在一些先进的电子微压计正在进入通风测定中。

皮托管是一种测压管，它是承受和传递压力的工具。它由两个同心管（一般为圆形）组成。其结构如图2.7所示。尖端孔口 a 与标着"＋"号的接头相通，侧壁小孔 b 与标着"－"号的接头相通。

测压时，将皮托管插入风筒，如图2.8所示。将皮托管尖端孔口 a 在 i 点正对风流，侧壁孔口 b 平行于风流方向，只感受 i 点的绝对静压 p_i，故称静压孔；端孔 a 除了感受 p_i 的作用外，还受该点的动压机的作用，即感受 i 点的全压 p_{ti}，故称全压孔。用胶皮管分别将皮托管的"＋""－"接头连至压差计上，即可测定 i 点的点压力。如图2.7所示的连接，测定的是 i 点的动压；如果将皮托管"＋"接头与压差计断开，这时测定的是 i 点的相对静压；如果将皮托管"－"接头与压差计断开，这时测定的是 i 点的相对全压。

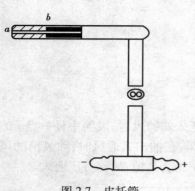

图 2.7　皮托管

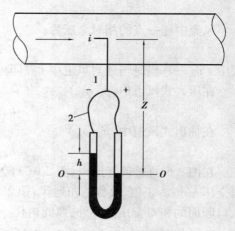

图 2.8　点压力测定

3）风流点压力的相互关系

由上面讨论可知，风流中任一点 i 的动压、绝对静压和绝对全压的关系为

$$h_{vi} = p_{ti} - p_i \qquad (2.22)$$

h_{vi}，h_i 和 h_{ti} 三者之间的关系为

$$h_{ti} = h_i + h_{vi} \qquad (2.23)$$

由式（2.23）可知，无论是压入式还是抽出式通风，任一点风流的相对全压总是等于相对静压与动压的代数和。

对于抽出式通风，式（2.23）可写为

$$h_{ti}(负) = h_i(负) + h_{vi} \qquad (2.24)$$

在实际应用中，习惯取 h_{vi}，h_i 的绝对值，则

$$|h_{ti}| = |h_i| - h_{vi}；|h_{ti}| < |h_i| \qquad (2.25)$$

图 2.9 清楚地表示出不同通风方式时，风流中某点各种压力之间的相互关系。

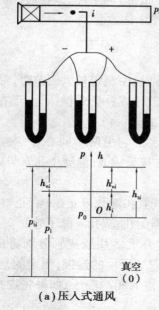

（a）压入式通风

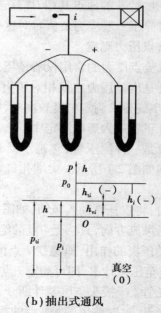

（b）抽出式通风

图 2.9　不同通风方式中风流中某点各种压力之间的相互关系

任务实施

（1）任务准备

课件,教案,多媒体教室,矿井通风实验室。

（2）重点梳理

①矿井能量分哪几种？每一种能量是如何定义的？
②矿井点压力如何测定？

（3）任务应用

应用 2.3　将同学分为 3～5 人一组,讨论何谓空气静压,它是怎样产生的,它的物理意义是什么。

应用 2.4　如图 2.6 所示的压入式通风风筒中,某点 i 的 $h_i = 1\ 000$ Pa,$h_{vi} = 150$ Pa,风筒外与 i 点同标高的 $p_{0i} = 101\ 332$ Pa。求：

①i 点的绝对静压 p_i;
②i 点的相对全压 h_{ti};
③i 点的绝对全压 p_{ti}。

应用 2.5　在如图 2.9 所示的抽出式通风风筒中,某点 i 的 $h_i = 1\ 000$ Pa,$h_{vi} = 150$ Pa,风筒外与 i 点同标高的 $p_{0i} = 101\ 332.32$ Pa。求：

①i 点的绝对静压 p_i;
②i 点的相对全压 h_{ti};
③i 点的绝对全压 p_{ti}。

任务 2.3　风流能量方程

任务目标

1.熟悉矿井通风中空气流动压力和能量变化规律。
2.掌握矿井风流运动的连续性方程和能量方程的原理。
3.会应用风流运动的连续性方程和能量方程解决问题。

任务描述

当空气在井巷中流动时,将会受到通风阻力的作用,消耗其能量。为保证空气连续不断地流动,就必须有通风动力对空气做功,使得通风阻力和通风动力相平衡。空气在其流动过程中,由于自身的因素和流动环境的综合影响,空气的压力、能量和其他状态参数沿程将发生变化。本任务将重点讨论矿井通风中空气流动的压力和能量变化规律,导出矿井风流运动的连续性方程和能量方程。

 知识准备

(1)空气流动连续性方程

质量守恒是自然界中基本的客观规律之一。在矿井巷道中,流动的风流是连续不断的介质,充满它所流经的空间。在无点源或点汇存在时,根据质量守恒定律,对于稳定流(流动参数不随时间变化的流动,称为稳定流),流入某空间的流体质量必然等于流出其空间的流体质量。风流在井巷中的流动可看作稳定流,因此,这里仅讨论稳定流的情况。

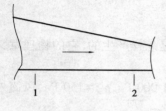

当空气在图2.10的井巷中从1断面流向2断面,且作定常流动时(即在流动过程中不漏风又无补给),则两个过流断面的空气质量流量相等,即

$$\rho_1 v_1 S_1 = \rho_2 v_2 S_2 \tag{2.26}$$

图2.10 一元稳定流

式中 ρ_1, ρ_2——1,2断面上空气的平均密度,kg/m^3;

v_1, v_2——1,2断面上空气的平均流速,m/s;

S_1, S_2——1,2断面的断面积,m^2。

任一边流断面的质量流量为 M_i(kg/s),则

$$M_i = const \tag{2.27}$$

这就是空气流动的连续性方程,它适用于可压缩和不可压缩流体。

对于可压缩流体,根据式(2.26),当 $S_1 = S_2$ 时,空气的密度与其流速成反比,也就是流速大的断面上的密度比流速小的断面上的密度要小。

对于不可压缩流体(密度为常数),则通过任一断面的体积流量 Q 相等(m^3/s),即

$$Q = v_i S_i = const \tag{2.28}$$

井巷断面上风流的平均流速与过流断面的面积成反比。即在流量一定的条件下,空气在断面大的地方流速小,在断面小的地方流速大。空气流动的连续性方程为井巷风量的测算提供了理论依据。

以上讨论的是一元稳定流的连续性方程。空气在矿井巷道中的流动可近似地认为是一元稳定流,这在工程应用中是满足要求的。

(2)可压缩流体能量方程

能量方程表达了空气在流动过程中的压能、动能和位能的变化规律,是能量守恒和转换定律在矿井通风中的应用。

在矿井通风系统中,严格来说,空气的密度是变化的,即矿井风流是可压缩的。当外力对它做功增加其机械能的同时,也增加了风流的内(热)能。因此,在研究矿井风流流动时,风流

的机械能加上其内(热)能才能使能量守恒及转换定律成立。

1)单位质量(1 kg)流体能量方程

①能量组成(讨论1 kg空气所具有的能量)

在井巷通风中,风流的能量由机械能(静压能、动压能、位能)和内能组成,常用1 kg空气或1 m³空气所具有的能量表示。

A.风流具有的机械能

风流具有的机械能已在任务2.2讨论过,它包括动压能、静压能和位能。

B.风流具有的内能

风流的内能是风流内部储存能的简称,它是风流内部所具有的分子内动能与分子位能之和。用u表示1 kg空气所具有的内能J/kg,即

$$u = f(T, \nu) \tag{2.29}$$

式中　T——空气的温度,K;

　　　ν——空气的比容,m³/kg。

根据压力p、温度T和比容ν三者之间的关系,空气的内能还可写为

$$u = f(T, P) \,; u = f(P, \nu) \tag{2.30}$$

由式(2.29)和式(2.30)可知,空气的内能是空气状态参数的函数。

②风流流动过程中能量分析

风流在如图2.11所示的井巷中流动,设1,2断面的参数分别为风流的绝对静压p_1, p_2(Pa);风流的平均流速v_1, v_2(m/s);风流的内能u_1, u_2(J/kg);风流的密度ρ_1, ρ_2(kg/m³);距基准面的高程Z_1, Z_2(m)。下面对风流在1,2断面上及流经1,2断面间时的能量分析如下:

在1断面上,1 kg空气所具有的能量(J/kg)为

$$\frac{p_1}{\rho_1} + \frac{v_1^2}{2} + gZ_1 + u_1$$

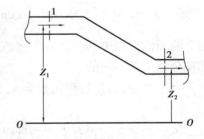

图2.11　风流流动能量分析

风流流经1→2断面间,到达2断面时的能量(J/kg)为

$$\frac{p_2}{\rho_2} + \frac{v_2^2}{2} + gZ_2 + u_2$$

1 kg空气由1断面流至2断面的过程中,克服流动阻力消耗的能量为L_R(J/kg)这部分被消耗的能量将转化成热能q_R(J/kg),仍存在于空气中;另外,还有地温、机电设备等传给1 kg空气的热量为q(J/kg);这些热量将增加空气的内能并使空气膨胀做功;假设1→2断面间无其他动力源(如局部通风机等)。

③可压缩空气单位质量(1 kg)流量的能量方程

当风流在井巷中作一维稳定流动时,根据能量守恒及转换定律,可得

$$\frac{p_1}{\rho_1} + \frac{v_1^2}{2} + gZ_1 + u_1 + q_R + q = \frac{p_2}{\rho_2} + \frac{v_2^2}{2} + gZ_2 + u_2 + L_R \tag{2.31}$$

根据热力学第一定律,传给空气的热量($q_R + q$),一部分用于增加空气的内能,一部分使空气膨胀对外做功,即

$$q_R + q = u_2 - u_1 + \int_1^2 p\mathrm{d}v \tag{2.32}$$

式中 v——空气的比容，m^3/kg。

又因为

$$\frac{p_2}{\rho_2} - \frac{p_1}{\rho_1} = p_2 v_2 - p_1 v_1 = \int_1^2 \mathrm{d}(pv) = \int_1^2 p\mathrm{d}v + \int_1^2 v\mathrm{d}p \tag{2.33}$$

将式（2.32）、式（2.33）代入式（2.31），并整理后得

$$L_R = -\int_1^2 v\mathrm{d}p + \left(\frac{v_1^2}{2} - \frac{v_2^2}{2}\right) + g(Z_1 - Z_2)$$

$$= \int_2^1 v\mathrm{d}p + \left(\frac{v_1^2}{2} - \frac{v_2^2}{2}\right) + g(Z_1 - Z_2) \tag{2.34}$$

式（2.34）就是单位质量可压缩空气在无压源的井巷中流动时能量方程的一般形式。如果图 2.11 中 1,2 断面间有压源（如局部通风机等）（J/kg）存在，则其能量方程为

$$L_R = \int_2^1 v\mathrm{d}p + \left(\frac{v_1^2}{2} - \frac{v_2^2}{2}\right) + g(Z_1 - Z_2) + L_t \tag{2.35}$$

④关于单位质量可压缩空气能量方程的讨论

式（2.34）和式（2.35）中，$\int_1^1 v\mathrm{d}p = \int_2^1 \frac{1}{\rho}\mathrm{d}p$ 称为伯努利积分项。它反映了风流从 1 断面流至 2 断面的过程中的静压能变化，它与空气流动过程的状态密切相关。对于不同的状态过程，其积分结果是不同的。

对于多变过程，过程指数为 n，其多变过程方程式为

$$pv^n = \mathrm{const} \tag{2.36}$$

不同的多变过程有不同的过程指数 n，n 值可在范围 $0\sim\pm\infty$ 变化。

当 $n = 0$ 时，$p = \mathrm{const}$，即为定压过程

$$\int_1^1 v\mathrm{d}p = 0$$

当 $n = 1$ 时，$pv = \mathrm{const}$，即为等温过程

$$\int_1^1 v\mathrm{d}p = p_1 v_1 \ln\frac{p_1}{p_2}$$

当 $n = k = 1.41$ 时，$pv^k = \mathrm{const}$，即为等熵过程。

当 $n = \pm\infty$ 时，$v = \mathrm{const}$，即为等容过程

$$\int_1^1 v\mathrm{d}p = v(p_1 - p_2)$$

实际多变过程中其 n 值是变化的。在深井的通风中，如果其 n 值变化较大时，可把通风流程分成若干段（各段的 n 值均不相等），在每一段中的 n 值可近似认为不变。当 n 定值时，对式（2.36）微分，则有

$$npv^{n-1}\mathrm{d}v + v^n\mathrm{d}p = 0 \quad 或 \quad \frac{\mathrm{d}p}{p} + n\frac{\mathrm{d}v}{v} = 0$$

则

$$n = -\frac{\mathrm{d}\ln p}{\mathrm{d}\ln v} = -\frac{\Delta\ln p}{\Delta\ln v} = \frac{\ln p_1 - \ln p_2}{\ln v_2 - \ln v_1} = \frac{\ln p_1 - \ln p_2}{\ln \rho_1 - \ln \rho_2} \tag{2.37}$$

按式(2.37)可由邻近的两个实测的状态求得此过程的 n 值。

由式(2.36)和 $v = \dfrac{1}{\rho}$,得

$$pv^n = \frac{p}{\rho^n} = \frac{p_1}{\rho_1^n} = \frac{p_2}{\rho_2^n} = \cdots = \text{const},\text{故有}$$

$$v = \frac{1}{\rho} = \frac{1}{\rho_1}\left(\frac{p_1}{p}\right)^{\frac{1}{n}} = \frac{1}{\rho_2}\left(\frac{p_2}{p}\right)^{\frac{1}{n}} = \cdots = \text{const} \tag{2.38}$$

将式(2.37)代入积分项,并由积分公式 $\displaystyle\int x^u\mathrm{d}x = \frac{x^{u+1}}{\mu+1} + c$ 积分,得

$$\int_2^1 v\mathrm{d}p = \int_2^1 \frac{p_1^{\frac{1}{n}}}{\rho_1}\cdot\frac{1}{p^{\frac{1}{n}}}\mathrm{d}p = \frac{p_1^{\frac{1}{n}}}{\rho_1}\int_2^1\frac{1}{p^{\frac{1}{n}}}\mathrm{d}p = \frac{p_1^{\frac{1}{n}}}{\rho_1}\cdot\frac{n}{n-1}\cdot(p_1^{\frac{n-1}{n}} - p_2^{\frac{n-1}{n}}) = \frac{n}{n-1}\left(\frac{p_1}{\rho_1} - \frac{p_2}{\rho_2}\right)$$

将上式代入式(2.37)和式(2.38),得

$$L_R = \frac{n}{n-1}\left(\frac{p_1}{\rho_1} - \frac{p_2}{\rho_2}\right) + \left(\frac{v_1^2}{2} - \frac{v_2^2}{2}\right) + g(Z_1 - Z_2) \tag{2.39}$$

$$L_R = \frac{n}{n-1}\left(\frac{p_1}{\rho_1} - \frac{p_2}{\rho_2}\right) + \left(\frac{v_1^2}{2} - \frac{v_2^2}{2}\right) + g(Z_1 - Z_2) + L_t \tag{2.40}$$

令

$$\frac{n}{n-1}\left(\frac{p_1}{\rho_1} - \frac{p_2}{\rho_2}\right) = \frac{p_1 - p_2}{\rho_m} \tag{2.41}$$

式中 ρ_m——1,2 断面间按状态过程考虑的空气平均密度,由式(2.41)和式(2.37)得

$$\rho_m = \frac{p_1 - p_2}{\dfrac{n}{n-1}\left(\dfrac{p_1}{\rho_1} - \dfrac{p_2}{\rho_2}\right)} = \frac{p_1 - p_2}{\dfrac{\ln\dfrac{p_1}{p_2}}{\ln\dfrac{p_1/\rho_1}{p_2/\rho_2}}\left(\dfrac{p_1}{\rho_1} - \dfrac{p_2}{\rho_2}\right)} \tag{2.42}$$

则单位质量流量的能量方程又可表示为

$$L_R = \frac{p_1 - p_2}{\rho_m} + \left(\frac{v_1^2}{2} - \frac{v_2^2}{2}\right) + g(Z_1 - Z_2) \tag{2.43}$$

$$L_R = \frac{p_1 - p_2}{\rho_m} + \left(\frac{v_1^2}{2} - \frac{v_2^2}{2}\right) + g(Z_1 - Z_2) + L_t \tag{2.44}$$

2)单位体积($1\ \mathrm{m}^3$)流体能量方程

上面详细讨论了单位质量流体的能量方程,但在我国矿井通风中习惯使用单位体积

（1 m³）流体的能量方程。在考虑空气的可压缩性时，那么，1 m³ 空气流动过程中的能量损失 h_R（J/m³（Pa），即通风阻力）可由 1 kg 空气流动过程中的能量损失 L_R 乘以按流动过程状态考虑计算的空气密度 ρ_m，即 $h_R = L_R \cdot \rho_m$；并将式（2.43）和式（2.44）代入得

$$h_R = p_1 - p_2 + \left(\frac{v_1^2}{2} - \frac{v_2^2}{2}\right)\rho_m + g\rho_m(Z_1 - Z_2) \tag{2.45}$$

$$h_R = p_1 - p_2 + \left(\frac{v_1^2}{2} - \frac{v_2^2}{2}\right)\rho_m + g\rho_m(Z_1 - Z_2) + H_t \tag{2.46}$$

式（2.45）和式（2.46）就是单位体积流体的能量方程。其中，式（2.46）是有压源 H_t 时的能量方程。下面就单位体积流体能量方程的使用加以讨论：

①1 m³ 空气在流动过程中的能量损失（通风阻力）等于两断面间的机械能差，状态过程的影响反映在动压差和位能差中（用 ρ_m 这个参数表示），这是与单位质量流体的能量方程的不同之处，在应用时应给予注意。

②$g\rho_m(Z_1-Z_2)$ 或写成 $\int_2^1 \rho g \mathrm{d}Z$ 是1，2 断面的位能差。当1，2 断面的标高差较大的情况下，该项数值在方程中往往占有很大的比重，必须准确测算。需要强调指出的是关于基准面的选

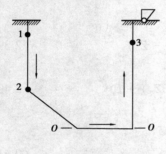

图 2.12　位能分析

择。基准面的选择一般选在所讨论系统的最低水平，也即保证各点位能值均为正。

如图 2.12 所示的通风系统，如要求 1，2 断面的位能差，基准面可选在 2 的位置，则

$$E_{p012} = \int_2^1 \rho g \mathrm{d}Z = \rho_{m12} g Z_{12}$$

而要求 1，3 两断面的位能差，其基准面应选在 O—O 位置，则

$$E_{P013} = \int_3^1 \rho g \mathrm{d}Z = \rho_{m10} g Z_{10} - \rho_{m30} g Z_{30}$$

③$\left(\dfrac{v_1^2}{2} - \dfrac{v_2^2}{2}\right)\rho_m$ 是1，2 两端面上的动能差。

a.在矿井通风中，因其动能差较小，故在实际应用时，式中 ρ_m 可分别用各自断面上的密度代替 ρ_m 计算其动能差。

b.式（2.45）和式（2.46）中的 v_1，v_2 分别为 1，2 断面上的平均风速。由于井巷断面上风速分布的不均匀性，用断面平均风速计算出来的断面总动能与断面实际总动能不等。需用动能系数 K_V 加以修正。动能系数是断面实际总动能与用断面平均风速计算出的总动能的比，则

$$K_V = \frac{\int_s \rho \frac{u^2}{2} \mathrm{d}S}{\rho \frac{v^2}{2} v S} = \frac{\int_s u^3 \mathrm{d}S}{v^3 S} \tag{2.47}$$

式中　u——微小面积 $\mathrm{d}S$ 上的风速。

其他符号意义同前。

在实际应用时,为了测算动能系数 K_V,把断面分成若干微小面积(分得越小越好),分别测出每一微小面积上的 u_i 和 S_i,测出断面平均风速 v 和 S 断面积可计算 K_V 为

$$K_V = \frac{\sum\limits_{i=1} u_i^3 s_i}{v^2 S} \tag{2.48}$$

断面上风速分布越不均匀,K_V 的值越大。在矿井条件下,K_V 一般为 $1.02 \sim 1.05$。由于动能差项很小,在应用能量方程时,可取为 $K_V = 1$。只有在进行空气动力学研究时才实际测定 K_V 值。

在进行了上述两项简化处理后,单位体积流体的能量方程可近似地写为

$$h_R \approx (p_1 - p_2) + \left(\frac{v_1^2}{2}\rho_1 - \frac{v_2^2}{2}\rho_2\right) + (g\rho_{m1}Z_1 - g\rho_{m2}Z_2) \tag{2.49}$$

$$h_R \approx (p_1 - p_2) + \left(\frac{v_1^2}{2}\rho_1 - \frac{v_2^2}{2}\rho_2\right) + (g\rho_{m1}Z_1 - g\rho_{m2}Z_2) + H_t \tag{2.50}$$

3)关于能量方程使用的几点说明

从能量方程的推导过程可知,方程是在一定的条件下导出的,并对它做了适当的简化。因此,在应用能量方程时应根据矿井的实际条件,正确理解能量方程中各参数的物理意义,灵活应用。

①能量方程的意义是,表示 1 kg(或 1 m³)空气由 1 断面流向 2 断面的过程中所消耗的能量(通风阻力)等于流经 1,2 断面间空气总机械能(静压能、动压能和位能)的变化量。

②风流流动必须是稳定流,即断面上的参数不随时间的变化而变化,所研究的始、末断面要选在缓变流场上。

③风流总是从总能量(机械能)大的地方流向总能量小的地方。在判断风流方向时,应用始末两断面上的总能量来进行,W 不能只看其中的某一项。如不知风流方向,列能量方程时,应先假设风流方向,如果计算出的能量损失(通风阻力)为正,说明风流方向假设正确;如果为负,则风流方向假设错误。

④正确选择基准面。

⑤在始、末断面间有压源时,压源的作用方向与风流的方向一致,压源为正,说明压源对风流做功;如果两者方向相反,压源为负,则压源成为通风阻力。

⑥单位质量或单位体积流量的能量方程只适用 1,2 断面间流量不变的条件,对于流动过程中有流量变化的情况,应按总能量的守恒与转换定律列方程。如图 2.13 所示的情况,当 $Q_1 = Q_2 + Q_3$ 时

$$Q_1\left(\rho_{1m}Z_1g + p_1 + \frac{v_1^2}{2}\rho_1\right) = Q_2\left(\rho_{2m}Z_2g + p_2 + \frac{v_2^2}{2}\rho_2\right) +$$

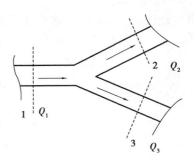

图 2.13　能量分析

$$Q_3\left(\rho_{3m}Z_3g + p_3 + \frac{v_3^2}{2}\rho_3\right) + Q_2 \cdot h_{R12} + Q_3 \cdot h_{R13}$$

⑦应用能量方程式要注意各项单位的一致性。

任务实施

（1）任务准备

课件，教案，多媒体设备。

（2）重点梳理

①风流能量方程的本质及使用时的注意事项。
②风流连续性方程和风流能量方程公式。

（3）任务应用

应用 2.6 风流在如图 2.10 所示的井巷中由断面 1 流至断面 2 时，已知 $S_1 = 10 \text{ m}^2$，$S_2 = 10 \text{ m}^2$，$v_1 = 3 \text{ m/s}$，1,2 断面的空气密度为：$\rho_1 = 1.18 \text{ kg/m}^3$，$\rho_2 = 1.20 \text{ kg/m}^3$。求：

①1,2 断面上通过的质量流量 M_1,M_2；
②1,2 断面上通过的体积流量 Q_1,Q_2；
③2 断面上的平均流速。

应用 2.7 在某一通风井巷中，测的 1,2 两断面的绝对静压分别为 101 324.7 Pa 和 101 858 Pa，若 $S_1 = S_2$，两断面间的高差 $Z_1 - Z_2 = 100 \text{ m}$，巷道中 $\rho_{m12} = 1.2 \text{ kg/m}^3$。求 1,2 两断面间的通风阻力，并判断风流方向。

应用 2.8 如图 2.14 所示的通风系统，已知大气压力 $p_{01} = p_{04} = p_{05} = 101\ 324 \text{ Pa}$，测得 4 断面的相对静压为 3 000 Pa，矿井风量 Q 为 100 m^3/s，$S_1 = 20 \text{ m}^2$，$S_4 = 5 \text{ m}^2$，$\rho_{m1\text{-}2} = 1.25 \text{ kg/m}^3$，$\rho_{m3\text{-}4} = 1.19 \text{ kg/m}^3$，立井深度 $Z = 300 \text{ m}$，扩散器出口动压 $h_{V5} = 50 \text{ Pa}$。求矿井通风阻力 $h_{R1\text{-}4}$ 和通风机全压 H_t（$h_{R1\text{-}4} = 2\ 938.58 \text{ Pa}$，$H_t = 3\ 262 \text{ Pa}$）。

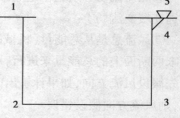

图 2.14 某矿井通风系统

项目 3
矿井通风阻力及测定

项目说明

风流的流动状态有层流和紊流两种。井巷风流一般为紊流。通风阻力产生的原因是风流流动过程的黏性和惯性,以及井巷壁面对风流的阻滞作用和扰动作用。通风阻力包括摩擦阻力和局部阻力两大类。它们与风流的流动状态有关,一般情况下,摩擦阻力是井巷通风总阻力的主要组成部分,通常约占 80%。对矿井通风系统优化管理,必须熟悉矿井通风阻力及测定工作。

任务 3.1　摩擦阻力

任务目标

1.熟悉达西公式和尼古拉兹实验过程和原理。
2.掌握层流和紊流摩擦阻力的计算方法。
3.掌握摩擦阻力系数和风阻内涵和计算方法。
4.掌握摩擦阻力系数获取方法——查表法和实测法。

任务描述

摩擦阻力是所有流体在运动过程中具有的基本特性。摩擦阻力在不同的条件下呈现出不同的特性。本任务通过著名的达西公式和尼古拉兹实验,对关系到阻力计算的相关参数进行了研究,确定了层流和紊流摩擦阻力及相应阻力系数和风阻的计算方法。

知识准备

（1）达西公式和尼古拉兹实验

在水力学中，用来计算圆形管道沿程阻力的计算式，称为达西公式，即

$$h_{摩} = \lambda \frac{L}{d} \cdot \frac{\rho v^2}{2} \tag{3.1}$$

式中 $h_{摩}$——摩擦阻力，Pa；

       λ——实验系数，无因次；

       L——管道的长度，m；

       d——管道的直径，m；

       ρ——流体的密度，kg/m³；

       v——管道内流体的平均流速，m/s。

式（3.1）对于层流和紊流状态都适用，但流态不同，实验的无因次系数 λ 大不相同。因此，计算的沿程阻力也大不相同。著名的尼古拉兹实验明确了流动状态和实验系数 λ 的关系。

尼古拉兹把粗细不同的砂粒均匀地黏于管道内壁，形成不同粗糙度的管道。管壁粗糙度是用相对粗糙度来表示的，即砂粒的平均直径 $\varepsilon(\mathrm{m})$ 与管道直径 $r(\mathrm{m})$ 之比。尼古拉兹以水为流动介质，对相对粗糙度分别为 1/15，1/30.6，1/60，1/126，1/256，1/507 这 6 种不同的管道进行实验研究。实验得出流态不同的水流，λ 系数与管壁相对粗糙度、雷诺数 Re 的关系，如图 3.1所示。图 3.1 中的曲线是以对数坐标来表示的，纵坐标轴为（lg 100λ），横坐标轴为 lg Re。根据 λ 值随 Re 变化特征，图 3.1 中曲线分为以下 5 个区：

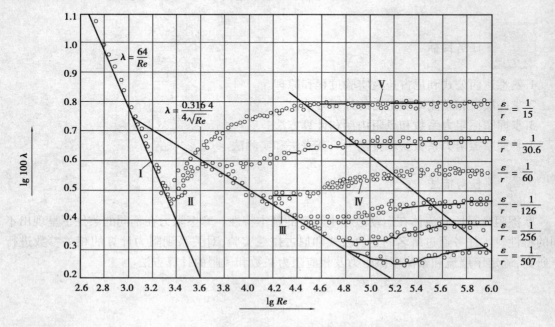

图 3.1　尼古拉兹实验结果

1) Ⅰ区——层流区

当 $Re<2\ 320$（即 $\lg Re<3.36$）时，不论管道粗糙度如何，其实验结果都集中分布于直线Ⅰ上，这表明 λ 随 Re 的增加而减少，而与相对粗糙度无关，而只与雷诺数 Re 有关。其关系式为

$$\lambda = 64/Re$$

这是因为各种相对粗糙度的管道，当管道内为层流时，其层流边层的厚度远远大于黏于管道壁各个砂粒的直径，砂粒凸起的高度全部被淹没在层流边层内，它对紊流的核心没有影响，如图 3.1 所示。因此，实验系数 λ 与粗糙度无关。流态结构如图 3.2 所示。

2) Ⅱ区——临界区

当 $2\ 320\le Re\le4\ 000$（即 $3.36\le\lg Re\le3.6$），在此区间内，不同的相对粗糙度的管内流体由层流转变紊流。所有的实验点几乎都集中在线段Ⅱ上。λ 随 Re 的增加而增大，与相对粗糙度无明显关系。

3) Ⅲ区——水力光滑区

当 $Re>4\ 000$（$\lg Re>3.6$）时，不同相对粗糙度的实验点起初都集中在曲线Ⅲ上，随着 Re 的增加，相对粗糙度大的管道，实验点在较低 Re 时就偏离曲线Ⅲ，相对粗糙度小的管道在较大的 Re 时才偏离。在Ⅲ曲线范围内，λ 与 Re 有关，而与相对粗糙度无关。λ 与 Re 服从 $\lambda = 0.316\ 4/Re^{0.25}$ 关系，从实验曲线可以看出，在 $4\ 000<Re<10\ 000$ 的范围内，它始终是水力光滑区。

4) Ⅳ区——紊流过渡区

由水力光滑区向水力粗糙区过渡，即图 3.1 中的Ⅳ所示区段。在这个区段内，各种不同相对粗糙的实验点各自分散呈一波状曲线，λ 与 Re 有关，也与相对粗糙度有关。

5) Ⅴ——水力粗糙区

在该区段，Re 值较大，流体的层流边层变得极薄，砂粒凸起的高度几乎全暴露在紊流的核心中，故 Re 对 λ 值的影响极小，可省略不计，相对粗糙度成为 λ 的唯一影响因素。故在该区，λ 与 Re 无关，而只与相对粗糙度有关。对于一定的相对粗糙度的管道，λ 为定值。

在水力学上，尼古拉兹实验比较完整地反映了 λ 的变化规律，揭示了 λ 的主要影响因素，解决了水在管道中沿程阻力计算问题。而空气在井巷中的流动和水在管道

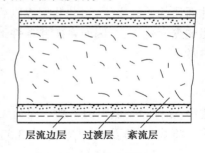

图 3.2　流态结构

中的流动很相似，因此，可把流体力学计算水流沿程阻力的达西公式应用于矿井通风中，作为计算井巷摩擦阻力的理论基础。因此，把式（3.1）作为满流井巷矿井摩擦阻力计算的普遍公式。

（2）层流摩擦阻力

从尼古拉兹实验的结果可知，流体在层流状态时，实验系数 λ 只与雷诺数 Re 有关，故将式 $\lambda=64/Re$ 代入达西公式（3.1）中，得

$$h_{摩} = \frac{64}{Re}\cdot\frac{L}{d}\cdot\frac{\rho v^2}{2} \tag{3.2}$$

再将雷诺数：$Re=\dfrac{vd}{v}$ 和式 $\mu=\rho v$ 代入式（3.2）中，得

$$h_摩 = 32\mu \frac{L}{d^2} v \tag{3.3}$$

将式 $R_水 = \dfrac{S}{U} = \dfrac{d}{4}$ 及 $v = Q/S$ 代入式（3.3），就可得到层流状态下井巷摩擦阻力计算式为

$$h_摩 = 2\mu \frac{LU^2}{S^3} Q \tag{3.4}$$

式中　　μ——空气的动力黏性系数，$Pa \cdot s$；

　　　　Q——井巷风量，m^3/s；

　　　　其他符号意义同前。

式（3.4）说明，层流状态下摩擦阻力与风流速度和风量的一次方成正比。由于井巷中的风流大多数都为紊流状态，因此，层流摩擦阻力计算公式在实际工作中很少应用。

（3）紊流摩擦阻力

井下巷道的风流大多属于完全紊流状态，所以实验系数 λ 值取决于巷道壁面的粗糙程度。故将 $R_水 = \dfrac{S}{U} = \dfrac{d}{4}$ 代入式（3.1），得到应用于矿井通风工程上的紊流摩擦阻力计算式为

$$h_摩 = \frac{\lambda \rho}{8} \cdot \frac{LU}{S} \cdot v^2 \tag{3.5}$$

从前面分析可知，流体在完全紊流状态时，对于确定的粗糙度，λ 值是确定的。因此，对矿井通风的井巷来说，当井巷掘成以后，井巷的几何尺寸和支护形式是确定的，井巷壁面的相对粗糙度变化不大，因而在矿井条件下 λ 值被视为常数。而矿井空气的密度变化不大，也可视为常数，故令

$$\alpha = \frac{\lambda \rho}{8} \tag{3.6}$$

式中，α 称为摩擦阻力系数。因为 λ 是无因次量，故 α 具有与空气密度相同的因次，即 kg/m^3。

将式（3.6）及 $v = Q/S$ 代入（3.5），得

$$h_摩 = \alpha \frac{LU}{S^3} Q^2 \tag{3.7}$$

式中　　α——井巷的摩擦阻力系数，kg/m^3 或 Ns^2/m^4；

　　　　式中其他符号意义同前。

（4）摩擦阻力系数与摩擦风阻

1）摩擦阻力系数 α

在应用式（3.7）计算矿井通风紊流摩擦阻力时，关键在于如何确定摩擦阻力系数 α 值。从式（3.6）看，摩擦阻力系数 α 值，取决于空气密度和实验系数 λ 值，而矿井空气密度一般变化不大，因此，α 值主要取决于 λ 值，主要决定于井巷的粗糙程度，也就是取决于井下巷道的支护形式。不同的井巷、不同的支护形式 α 值也不同。确定 α 值方法有查表和实测两种方法。

①查表确定 α 值

在新矿井通风设计时，需要计算完全紊流状态下井巷的摩擦阻力，即按照所设计的井巷长

度、周长、净断面、支护形式及通过的风量,选定该井巷的摩擦阻力系数 α 值,然后用式(3.7)来计算该井巷的摩擦阻力。查表确定 α 值法,就是根据所设计的井巷特征(是指支护形式、净断面积、有无提升设备及其他设施等),通过附录 1 查出适合该井巷的 α 标准值。附录 2 所列录的摩擦阻力系数 α 值,是前人在标准状态($\rho_0 = 1.2 \text{ kg/m}^3$)条件下,通过大量模型实验和实测得到的。

如果井巷空气密度不是标准状态条件下的密度,实际应用时,应该对其修正,则

$$\alpha = \alpha_0 \frac{\rho}{1.2} \tag{3.8}$$

由于井巷断面大小、支护形式及支架规格的多样性,从附录 1 可以看出,不同井巷的相对粗糙度差别很大。

对于砌碹和锚喷巷道,壁面粗糙程度可用尼古拉兹实验的相对粗糙度来表示,可直接查出摩擦阻力系数 α 值。相对支架巷道而言,砌碹和锚喷巷道摩擦阻力系数 α 值不是很大,但随着相对粗糙度的增大而增大。

对于用木棚子、工字钢、U 形钢和混凝土棚等支护巷道,要同时考虑支架的间距和支架厚度,其粗糙度用纵口径来表示。如图 3.3 所示,纵口径是相邻支架中心线之间的距离 $L(\text{m})$ 与支架直径或厚度 $d_0(\text{m})$ 之比,即

$$\Delta = \frac{L}{d_0} \tag{3.9}$$

式中　Δ——纵口径,无因次;

　　　L——支架的间距,m;

　　　d_0——支架直径或厚度, m。

图 3.4 是在平巷模型中试验获得的纵口径 Δ 与摩擦阻力系数 α 关系曲线图。由图 3.4 中可知,当 $\Delta < 5 \sim 6$ 时,摩擦阻力系数 α 随纵口径 Δ 增加而增加;当 $\Delta = 5 \sim 6$ 时,摩擦阻力系数 α 达到最大值;当 $\Delta > 5 \sim 6$ 时,摩擦阻力系数 α 随纵口径 Δ 增加而减少。这说明 $\Delta = 5 \sim 6$ 时,引起的风流能量损失最大,产生的通风阻力最大。因此,在实际巷道工程支护时,从降低通风阻力出发,一定要合理选用支护密度。

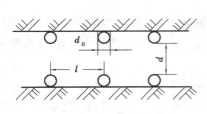

图 3.3　支架巷道的纵口径

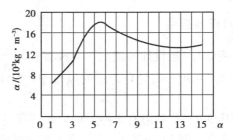

图 3.4　纵口径 Δ 与摩擦阻力系数 α 关系曲线

对于支架巷道,应先根据巷道的 d_0 和 Δ 两个数值在附录表中查出该巷道的 α 初值,再根据该巷道的净断面积 S 值查出校正系数,对 α 的初值进行断面校正。这是因为在模型试验时用断面的某个值为标准,当实际断面大于标准时,摩擦阻力系数 α 较小,故乘以一个小于 1 的系数;反之,乘以一个大于 1 的系数。

②实测确定 α 值

在生产矿井中,常常需要掌握各个巷道的实际摩擦阻力系数 α 值,目的是为降低矿井通风阻力,合理调节矿井风量,提供原始的第一手资料。因此,实测摩擦阻力系数 α 值有它一定的现实指导意义。

2)摩擦风阻

对于已经确定的井巷,巷道的长度 L、周长 U、断面 S 以及巷道的支护形式(摩擦阻力系数 α)都是确定的,故把式(3.10)中的 α,L,U,S 用一个参数 $R_{摩}$(kg/m^7 或 Ns^2/m^8)来表示,得

$$R_{摩} = \frac{\alpha L U}{S^3} \tag{3.10}$$

式中,$R_{摩}$ 称为摩擦风阻。其国际单位是 kg/m^7 和 Ns^2/m^8。显然 $R_{摩}$ 是空气密度、巷道的粗糙程度、断面积、断面周长、井巷长度等参数的函数。当这些参数确定时,摩擦风阻 $R_{摩}$ 值是固定不变的。因此,可将 $R_{摩}$ 看作反映井巷几何特征的参数,它反映的是井巷通风的难易程度。

将式(3.10)代入式(3.7),得

$$h_{摩} = R_{摩} Q^2 \tag{3.11}$$

式(3.11)就是完全紊流时摩擦阻力定律。它说明了当摩擦风阻一定时,摩擦阻力与风量的平方成正比。

 任务实施

(1)任务准备

课件,教案,多媒体设备。

(2)重点梳理

①尼古拉兹实验5个分区,以及各分区特点。
②默写出达西公式、层流摩擦阻力公式、紊流摩擦阻力公式、紊流摩擦风阻公式、非标准状态下空气密度的换算公式。

(3)任务应用

应用3.1　某设计巷道的木支柱直径 $d_0 = 16$ cm,纵口径 $\Delta = 4$,净断面积 $S = 4$ m^2,周长 $U = 8$ m,长度 $L = 300$ m,计划通过的风量 $Q = 1\ 440$ m^3/min。试求该巷道的摩擦阻力系数和摩擦阻力。

应用3.2　某巷道有3种支护形式,断面积均为8 m^2,第一段为三心拱混凝土砌碹巷道,巷道不抹灰浆,巷道长400 m;第二段为工字梁梯形巷道,工字梁高 $d_0 = 10$ cm,支架间距为0.5 m,巷道长500 m;第三段为木支架梯形巷道,支架直径 $d_0 = 20$ cm,支架间距为0.8 m,巷道长300 m,该巷道的风量为20 m^3/s。试分别求出各段巷道的风阻和摩擦阻力。

任务 3.2　局部阻力成因分析及计算

任务目标

1.熟悉局部阻力的成因。
2.掌握局部阻力的计算方法。
3.掌握局部阻力系数和风阻的获取方法。

任务描述

在风流运动过程中,由于井巷边壁条件的变化,风流在局部地区受到局部阻力物(如巷道断面突然变化、风流分叉与交汇、断面堵塞等)的影响和破坏,引起风流流速大小、方向和分布的突然变化,导致风流本身产生很强的冲击,形成极为紊乱的涡流,造成风流能量损失,这种均匀稳定风流经过某些局部地点所造成的附加的能量损失,则称为局部阻力。本次任务要求学生掌握各种局部阻力的计算及相应参数的确定。

知识准备

(1)局部阻力的成因与计算

1)局部阻力的成因分析

井下巷道千变万化,产生局部阻力的地点很多,有巷道断面的突然扩大与缩小(如采区车场、井口、调节风窗、风桥及风硐等),巷道的各种拐弯(如各类车场、大巷、采区巷道、工作面巷道等),各类巷道的交叉、交汇(如井底车场、中部车场)等。在分析产生局部阻力原因时,常将局部阻力分为突变类型和渐变类型(见图 3.5)两种。图 3.5(a)、(c)、(e)、(g)属于突变类型,图 3.5(b)、(d)、(f)、(h)属于渐变类型。

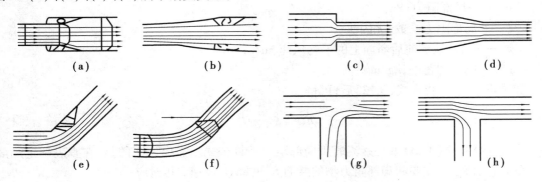

图 3.5　巷道的突变与渐变类型

　　紊流流体通过突变部位时,由于惯性的作用,不能随从边壁突然变化,出现主流与边壁脱离的现象,在主流与边壁间形成涡流区。产生的大尺度涡流,不断被主流带走,补充进去的流体,又形成新的涡流,因而增加了能量损失,产生局部阻力。

　　边壁虽然没有突然变化,但如果在沿流动方向出现减速增压现象的地方,也会产生涡流区。如图3.9(b)所示,巷道断面渐宽,沿程流速减小,静压不断增加,压差的作用方向与主流的方向相反,使边壁附近很小的流速逐渐减少到零,在这里主流开始与边壁脱离,出现与主流相反的流动,形成涡流区。在图3.9(h)中,直道上的涡流区,也是由于减速增压过程造成的。

　　增速减压区,流体质点受到与流动方向一致的正压作用,流速只增不减,故收缩段一般不会产生涡流。若收缩角很大,在紧接渐缩段之后也会出现涡流区,如图3.9(d)所示。

　　在风流经过巷道转弯处,流体质点受到离心力的作用,在外测形成减速增压区,也能出现涡流区。过了拐弯处,如流速较大且转弯曲率半径较小,则由于惯性作用,可在内侧又出现涡流区,它的大小和强度都比外侧的涡流区大,是能量损失的主要部分。

　　综上所述,局部的能量损失主要和涡流区的存在有关。涡流区越大,能量损失得就越多。仅仅流速分布的改变,能量损失并不太大。在涡流区及其附近,主流的速度梯度增大,也增加能量损失,在涡流被不断带走和扩散的过程中,使下游一定范围内的紊流脉动加剧,增加了能量损失,这段长度称为局部阻力物的影响长度,在它以后,流速分布和紊流脉动才恢复到均匀流动的正常状态。

　　需要说明的是,在层流条件下,流体经过局部阻力物后仍保持层流,局部阻力仍是由流层之间的黏性切应力引起的,只是由于边壁变化,使流速重新分布,加强了相邻层流间的相对运动,而增加了局部能量损失。层流局部阻力的大小与雷诺数 Re 成反比。受局部阻力物影响而仍能保持着层流,只有在 Re 小于2 000 时才有可能,这在矿井通风巷道中极为少见,故本节不讨论层流局部阻力计算,重点讨论紊流时的局部阻力。

2)局部阻力计算

　　实验证明,不论井巷局部地点的断面、形状和拐弯如何千变万化,也不管局部阻力是突变类型还是渐变类型,所产生的局部阻力的大小都和局部地点的前面或后面断面上的速压成正比。与摩擦阻力类似,局部阻力 $h_局$(Pa)一般也用速压的倍数来表示,即

$$h_局 = \xi \frac{\rho}{2} v^2 \tag{3.12}$$

式中　$h_局$——局部阻力,Pa;

　　　ξ——局部阻力系数,无因次;

　　　v——局部地点前后断面上的平均风速,m/s;

　　　ρ——风流的密度,kg/m³。

　　如果将 $v = Q/S$ 代入式(3.12)后,可得

$$h_局 = \xi \frac{\rho}{2S^2} Q^2 \tag{3.13}$$

　　式(3.12)和式(3.13)就是紊流通用局部阻力计算公式。需要说明的是,在查表确定局部阻力系数 ξ 值时,一定要和局部阻力物的断面 S、风量 Q、风速 v 相对应。

（2）局部阻力系数与风阻

1）局部阻力系数

产生局部阻力的过程非常复杂,要确定局部阻力系数 ξ 也是非常复杂的。大量实验研究表明,紊流局部阻力系数 ξ 主要取决于局部阻力物的形状,而边壁的粗糙程度为次要因素,但在粗糙程度较大的支架巷道中也需要考虑。

由于产生局部阻力的过程非常复杂,因此,系数 ξ 一般由实验求得。附录 3 是由前人通过实验得到的部分局部阻力系数,计算局部阻力时查表即可。

2）局部风阻

同摩擦阻力一样,当产生局部阻力的区段形成后,ξ,S,ρ 都可视为确定值,故将 $h_{局}=\xi\dfrac{\rho}{2S^2}Q^2$ 中的 ξ,S,ρ 用一个常量来表示,即有

$$R_{局}=\xi\frac{\rho}{2S^2} \tag{3.14}$$

将式（3.14）代入 $h_{局}=\xi\dfrac{\rho}{2S^2}Q^2$,得到局部阻力定律为

$$h_{局}=R_{局}Q^2 \tag{3.15}$$

式 3.5 为完全紊流状态下的局部阻力定律,$h_{局}$ 与 $R_{摩}$ 一样,也可看成局部阻力物的一个特征参数。它反映的是风流通过局部阻力物时通风的难易程度。$R_{局}$ 一定时,$h_{局}$ 与 Q 的平方成正比。

在一般情况下,由于井巷内的风流速压较小,所产生的局部阻力也较小,井下所有的局部阻力之和只占矿井总阻力的 10%~20%。故在通风设计中,一般只对摩擦阻力进行计算,对局部阻力不作详细计算,而按经验估算。

任务实施

（1）**任务准备**

课件,教案,各种巷道突变渐变模型。

（2）**重点梳理**

①局部阻力类型。
②局部阻力的计算公式。
③给出特定条件下的局部突变或渐变巷道,查出相应的阻力系数。

（3）**任务应用**

应用 3.3　某水平巷道如图 3.6 所示。用压差计和胶皮管测得 1-2 及 1-3 之间的阻力分别为 295 Pa 和 440 Pa,

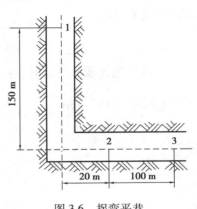

图 3.6　拐弯平巷

巷道的断面积均等于 6 m²，周长 10 m，通过的风量为 40m³/s。求巷道的摩擦阻力系数及拐弯处的局部阻力系数。

应用 3.4 某巷道摩擦阻力系数 $\alpha = 0.004$ Ns²/m⁴，通过的风量 $Q = 40$ m³/s，空气的密度 $\rho = 1.25$ kg/m³在突然扩大段，巷道断面由 $S_1 = 6$ m² 变为 $S_2 = 12$ m²。求：

①求突然扩大段的局部阻力。

②其他条件不变，若风流由大断面流向小断面，则突然缩小段的局部阻力又是多少？

<h1 style="text-align:center">任务 3.3　矿井总风阻与矿井等积孔</h1>

任务目标

1.了解矿井阻力构成。

2.理解矿井总风阻的内涵。

3.熟悉矿井等积孔的内涵，可以依据等积孔判断矿井通风难易程度。

4.可以计算矿井通风等积孔。

任务描述

矿井等积孔是评判矿井通风难易程度的重要指标，是矿井进行通风管理的重要参考。矿井等积孔是什么、如何形成、如何计算以及多风机等积孔如何确定等问题需要本任务解决。

知识准备

（1）矿井通风阻力定律

从前面任务可知，井下风流在流经一条巷道时产生的总阻力等于各段摩擦阻力和所有的局部阻力之和，即

$$h_{阻} = \sum h_{摩} + \sum h_{局} \tag{3.16}$$

当巷道风流为紊流状态时，将 $h_{摩} = \alpha \dfrac{LU}{S^3}Q^2$ 和 $h_{局} = \xi \dfrac{\rho}{2S^2}Q^2$，以及公式 $h_{摩} = R_{摩}Q^2$ 和 $h_{局} = R_{局}Q^2$ 代入式（3.16）得到

$$
\begin{aligned}
h_{阻} &= \sum \alpha \frac{LU}{S^3}Q^2 + \sum \xi \frac{\rho}{2S^2}Q^2 \\
&= \sum R_{摩}Q^2 + \sum R_{局}Q^2 \\
&= \sum (R_{摩} + R_{局})Q^2
\end{aligned}
\tag{3.17}
$$

令 $R = \sum (R_{摩} + R_{局})$，得到

$$h_\text{阻} = RQ^2 \tag{3.18}$$

式中　R——井巷风阻，kg/m^7 或 Ns^2/m^8。

R 是由井巷中通风阻力物的种类、几何尺寸和壁面粗糙程度等因素决定的，反映井巷的固有特性。当通过井巷的风量一定时，井巷通风阻力与风阻成正比，因此，风阻值大的井巷其通风阻力也大；反之，风阻值小的通风阻力也小。可见，井巷风阻值的大小标志着通风难易程度，风阻大时通风困难，风阻小时通风容易。因此，在矿井通风中把井巷风阻值的大小作为判别矿井通风难易程度的一个重要指标。

式(3.18)就是井巷中风流紊流状态下的矿井通风阻力定律。它反映了风阻 R 一定时，井巷通风总阻力与井巷通过的风量二次方成正比，适用于井下任何巷道。需要说明的是，由于层流状态下的摩擦阻力、局部阻力与风流速度和风量的一次方成正比，同样可得到层流状态下的通风阻力定律为

$$h_\text{阻} = RQ \tag{3.19}$$

容易理解，对于中间过渡流态，风量指数在 $1\sim2$，从而得到一般通风阻力定律为

$$h_\text{阻} = RQ^n \tag{3.20}$$

$n = 1$ 时，是层流通风阻力定律；$n = 2$ 时，是紊流通风阻力定律；$n = 1\sim2$ 时，是中间过渡状态通风阻力定律。式(3.20)就是矿井通风学中最一般的通风阻力定律。由于井下只有个别风速很小的地点才有可能用到层流或中间过渡状态下的通风阻力定律，因此，紊流通风阻力定律 $h_\text{阻} = RQ^2$ 是通风学中应用最广泛、最重要的通风定律。

将紊流通风阻力定律 $h_\text{阻} = RQ^2$ 绘制成曲线，即当风阻 R 值一定时，用横坐标表示井巷通过的风量 Q_i，用纵坐标表示通风阻力 h_i，将风量与对应的阻力 (Q_i, h_i) 绘制于平面坐标系中得到一条二次抛物线如图 3.7 所示，这条曲线则称为该井巷阻力特性曲线。曲线越陡、曲率越大，井巷风阻越大，通风越困难；反之，曲线越缓，通风越容易。

井巷阻力特性曲线不但能直观地看出井巷的通风难易程度，而且当用图解法解算简单通风网络和分析通风机工况时，都要应用到井巷风阻特性曲线。故应了解曲线的意义，掌握其绘制方法。

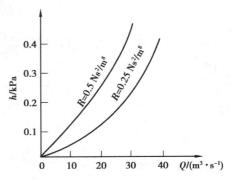

图 3.7　井巷阻力特性曲线

(2)矿井总风阻

对于一个确定的矿井通风网络，其总风阻值则称为矿井总风阻。当矿井通风网络的风量分配后，其总风阻值则是由网络结构、各支路风阻值所决定的。矿井总风阻值可通过网络解算得到(项目 5 介绍)。它与矿井总阻力、矿井总风量的关系为

$$R_\text{矿} = \frac{h_\text{矿}}{Q_\text{矿}^2} \tag{3.21}$$

式中　$R_\text{矿}$——矿井总风阻，kg/m^7 或 Ns^2/m^8，表示矿井通风的难易程度，是评价矿井通风系统经济性的一个重要指标，也是衡量一个矿井通风安全管理水平的重要尺度；

　　　　$h_\text{矿}$——矿井总阻力，Pa，对于单一进风井和单一出风井，其值等于从进风井到主要通风

机入口,按顺序连接的各段井巷的通风阻力累加起来的值。对于多风井进风或多风井出风的矿井通风系统,矿井总阻力是根据全矿井总功率等于各台通风机工作系统功率之和来确定的;

$Q_{矿}$——矿井总风量,$\mathrm{m^3/s}$。

(3)矿井等积孔

为了更形象、更具体、更直观地衡量矿井通风难易程度,矿井通风学上用一个假想的,并与矿井风阻值相当的孔的面积作为评价矿井通风难易程度,这个假想孔的面积则称为矿井等积孔。

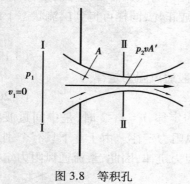

图 3.8 等积孔

假定在无限空间有一薄壁,在薄壁上开一面积为 A (m^2)的孔口,如图 3.8 所示。当孔口通过的风量等于矿井总风量 Q,而且孔口两侧的风压差等于矿井通风总阻力($p_1 - p_2 = h$)时,则孔口的面积 A 值就是该矿井的等积孔。现用能量方程来寻找矿井等积孔 A 与矿井总风量 Q 和矿井总阻力 h 之间的关系。

在薄壁左侧距孔口 A 足够远处(风速 $v_1 \approx 0$)取断面 Ⅰ—Ⅰ,其静压为 p_1,在孔口右侧风速收缩断面最小处取断面Ⅱ—Ⅱ(面积 A'),其静压为 p_2,风速 v 为最大。薄壁很薄其阻力忽略不计,则Ⅰ—Ⅰ,Ⅱ—Ⅱ断面的能量方程式为

$$p_1 - \left(p_2 + \frac{\rho v^2}{2} \right) = 0 \text{ 或 } p_1 - p_2 = \frac{\rho v^2}{2} \tag{3.22}$$

因为

$$p_1 - p_2 = h \tag{3.23}$$

所以

$$h = \frac{\rho v^2}{2} \tag{3.24}$$

由此得

$$v = \sqrt{\frac{2h}{\rho}} \tag{3.25}$$

风流收缩处断面面积 A' 与孔口面积 A 之比,称为收缩系数 φ。由水力学可知,一般 $\varphi = 0.65$,故 $A' = 0.65 A$,则该处的风速 $v = \dfrac{Q}{A'} = \dfrac{Q}{0.65A'}$,代入上式,整理得

$$A = \frac{Q}{0.65\sqrt{\dfrac{2h}{\rho}}} \tag{3.26}$$

若矿井空气密度为标准空气密度,即 $\rho = 1.2 \ \mathrm{kg/m^3}$ 时,则得

$$A = 1.19 \frac{Q}{\sqrt{h}} \tag{3.27}$$

将 $h = RQ^2$ 代入式(3.27)中,得

$$A = \frac{1.19}{\sqrt{R}} \tag{3.28}$$

式(3.27)和式(3.28)就是矿井等积孔的计算公式。它适用于任何井巷。公式表明,如果矿井的通风阻力 h 相同,等积孔 A 大的矿井,风量 Q 必大,表示通风容易;等积孔 A 小的矿井,风量 Q 必小,表示通风困难。因此,矿井等积孔能够反映不同矿井或同一矿井不同时期通风技术管理水平。同时,也可评判矿井通风设计是否经济。式(3.28)表明等积孔 A 与风阻 R 的平方根成反比,即井巷或矿井的风阻越小时,等积孔 A 越大,通风越容易;反之,越困难。因此,根据矿井总风阻和矿井等积孔,通常把矿井通风难易程度分为 3 级,见表 3.1。

表 3.1　矿井通风难易程度的分级标准

通风阻力等级	通风难易程度	风阻 R /($Ns^2 \cdot m^{-8}$)	等积孔 A /m^2
大阻力矿	困难	>1.42	<1
中阻力矿	中等	1.42~0.35	1~2
小阻力矿	容易	<0.35	>2

必须指出,表 3-1 所列衡量矿井通风难易程度的等积孔值,是 1873 年缪尔格根据当时的生产情况提出的,一直沿用至今。由于现代化矿井开采规模、开采方法、机械化程度及通风能力等较以前有很大的发展和提高,表中的标准对小型矿井还有一定的参考价值,对于大型矿井或多风机通风矿井应参照表 3.2。该表是由煤科院抚顺分院提出,根据煤炭产量及瓦斯等级确定的矿井通风难易程度的分级标准。

表 3.2　矿井等积孔分类表

年产量 /($Mt \cdot a^{-1}$)	低瓦斯矿井		高瓦斯矿井		附　注
	A 的最小值/m^2	R 的最大值/($Ns^2 \cdot m^{-8}$)	A 的最小值/m^2	R 的最大值/($Ns^2 \cdot m^{-8}$)	
0.1	1.0	1.42	1.0	1.42	外部漏风允许 10%时,A 的最小值减 5%,R 的最大值加 10%;外部漏风允许 15%时,A 的最小值减 10%,R 的最大值加 20%,即为矿井 A 的最小值,R 的最大值
0.2	1.5	0.63	2.0	0.35	
0.3	1.5	0.63	2.0	0.35	
0.45	2.0	0.35	3.0	0.16	
0.6	2.0	0.35	3.0	0.16	
0.9	2.0	0.35	3.0	0.09	
1.2	2.5	0.23	5.0	0.06	
1.8	2.5	0.23	6.0	0.04	
2.4	2.5	0.23	7.0	0.03	
3.0	2.5	0.23	7.0	0.03	

对矿井来说,上述式(3.27)和式(3.28)只能计算单台通风机工作时的矿井等积孔大小,对于多台通风机工作矿井等积孔的计算,应根据全矿井总功率等于各台主要通风机工作系统功率之和的原理计算出总阻力,而总风量等于各台主要通风机风路上的风量之和,代入式(3.27),即

$$h_{总} Q_{总} = h_1 Q_1 + h_2 Q_2 + h_3 Q_3 \cdots + h_n Q_n = \sum h_i Q_i \tag{3.29}$$

$$h_{总} = \sum (h_i Q_i)/Q_{总} \tag{3.30}$$

$$Q_{总} = Q_1 + Q_2 + Q_3 + \cdots + Q_n = \sum Q_i \tag{3.31}$$

$$A = 1.19 \frac{Q_{总}}{\sqrt{h_{总}}} = 1.19 \frac{\sum Q_i}{\sqrt{\sum (h_i Q_i)/\sum Q_i}} = \frac{\sum Q_i^{3/2}}{\sqrt{\sum h_i Q_i}} \tag{3.32}$$

式中　h_i——各台主要通风机系统的通风阻力,Pa;

　　　Q_i——各台主要通风机系统的风量,m^3/s;

式(3.32)就是多台主要通风机矿井等积孔的计算公式。

任务实施

(1)任务准备

课件,教案,多媒体设备。

(2)重点梳理

①矿井等积孔的计算。
②矿井按照等积孔的分类。
③多风机矿井等积孔的计算。

(3)任务应用

应用 3.5　简化后的通风系统如图 3.9 所示。已知 $R_{1-2} = 0.039\ Ns^2/m^8$,$R_{2-3} = 1.177\ Ns^2/m^8$,$R_{2-4} = 1.079\ Ns^2/m^8$,$Q_{2-3} = 35\ m^3/s$,$Q_{2-4} = 25 m^3/s$。试求矿井的总阻力、总风阻和总等积孔。

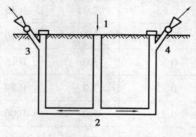

图 3.9　某矿通风系统简化图

应用 3.6　矿井的风量为 $100\ m^3/s$,阻力为 2 158 Pa。试求其风阻和等积孔,并绘制风阻特性曲线。

任务 3.4 低矿井通风阻力措施

任务目标

1.了解降低矿井通风阻力的作用。
2. 掌握降低摩擦风阻的方法。
3.掌握降低矿井局部阻力的措施。

任务描述

根据我国将近有 40% 的矿井通风阻力属于中阻力和大阻力矿井,个别矿井的通风电耗甚至占到了矿井总电耗的 50%。因此,无论是新矿井通风设计还是生产矿井通风管理工作,都要做到尽可能降低矿井通风阻力。降低矿井通风阻力,特别是降低井巷的摩擦阻力对减少风压损失、减低通风电耗、减少通风费用和保证矿井安全生产、追求最大经济效益都具有特别的实际意义。本任务从通风阻力产生的各个参数入手,寻求解决摩擦风阻和局部阻力的措施。

知识准备

(1)降低摩擦阻力的措施

摩擦阻力是矿井通风阻力的主要部分。因此,降低井巷摩擦阻力是通风技术管理的重要工作。由公式 $h_{摩} = \alpha \dfrac{LU}{S^3} Q^2$ 可知,降低摩擦阻力的措施如下:

1)减少摩擦阻力系数 α

矿井通风设计时,尽量选用 α 值小的支护方式,如锚喷、砌碹、锚杆、锚锁、钢带等,尤其是服务年限长的主要井巷,一定要选用摩擦阻力较小的支护方式,如砌碹巷道的 α 值仅有支架巷道的 30%~40%。施工时,一定要保证施工质量,应尽量采用光面爆破技术,尽可能使井巷壁面平整光滑,使井巷壁面的凹凸度不大于 50 mm。对于支架巷道,要注意支护质量,支架不仅要整齐一致,有时还要刹帮背顶,并且要注意支护密度。及时修复被破坏的支架,失修率不大于 7%。在不设支架的巷道,一定注意把顶板、两帮和底板修整好,以减少摩擦阻力。

2)井巷风量要合理

因为摩擦阻力与风量的平方成正比,所以在通风设计和技术管理过程中,不能随意增大风量,各用风地点的风量在保证安全生产要求的条件下,应尽量减少。掘进初期用局部通风机通风时,要对风量加以控制。及时调节主通风机的工况,减少矿井富裕总风量。避免巷道内风量过于集中,要尽可能使矿井的总进风早分开、总回风晚汇合。

3)保证井巷通风断面

因为摩擦阻力与通风断面积的三次方成反比,所以扩大井巷断面能大大降低通风阻力。

当井巷通过的风量一定时,井巷断面扩大33%,通风阻力可减少1/2,故常用于主要通风路线上高阻力段的减阻措施中。当受到技术和经济条件的限制,不能任意扩大井巷断面时,可采用双巷并联通风的方法。在日常通风管理工作中,要经常修整巷道,减少巷道堵塞物,使巷道清洁、完整、畅通,保持巷道足够断面。

4)减少巷道长度

因为巷道的摩擦阻力和巷道长度成正比,所以在矿井通风设计和通风系统管理时,在满足开拓开采的条件下,要尽量缩短风路长度,及时封闭废弃的旧巷和甩掉那些经过采空区且通风路线很长的巷道,及时对生产矿井通风系统进行改造,选择合理的通风方式。

5)选用周长较小的井巷断面

在井巷断面相同的条件下,圆形断面的周长最小,拱形次之,矩形和梯形的周长较大。因此,在设计矿井通风方案时,一般要求立井井筒采用圆形断面,斜井、石门、大巷等主要井巷采用拱形断面,次要巷道及采区内服务年限不长的巷道可以考虑矩形和梯形断面。

(2)降低局部阻力的措施

产生局部阻力的直接原因是:由于局部阻力地点巷道断面的变化,引起了井巷风流速度的大小、方向、分布的变化。因此,降低局部阻力就是改善局部阻力物断面的变化形态,减少风流流经局部阻力物时产生的剧烈冲击和巨大涡流,减少风流能量损失。其主要措施如下:

①最大限度减少局部阻力地点的数量。井下尽量少使用直径很小的铁风桥,减少调节风窗的数量;应尽量避免井巷断面的突然扩大或突然缩小,断面比值要小。

②当连接不同断面的巷道时,要把连接的边缘做成斜线或圆弧形(见图3.10)。

③巷道拐弯时,转角越小越好(见图3.11)在拐弯的内侧做成斜线形和圆弧形。要尽量避免出现直角弯。巷道尽可能避免突然分叉和突然汇合,在分叉和汇合处的内侧也要做成斜线形或圆弧形。

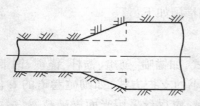 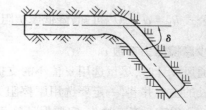

图3.10　巷道连接处为斜线形　　　图3.11　巷道拐弯处为圆弧形

④减少局部阻力地点的风流速度及巷道的粗糙程度。

⑤在风筒或通风机的入风口安装集风器,在出风口安装扩散器。

⑥减少井巷正面阻力物,及时清理巷道中的堆积物,采掘工作面所用材料要按需使用,不能集中堆放在井下巷道中。巷道管理要做到无杂物、无淤泥、无片帮,保证有效通风断面。在可能的条件下尽量不使成串的矿车长时间地停留在主要通风巷道内,以免阻挡风流,使通风状况恶化。

任务实施

（1）**任务准备**

课件,教案,多媒体设备。

（2）**重点梳理**

①降低矿井通风阻力的意义。
②降低摩擦阻力的措施。
③降低局部阻力的措施

（3）**任务应用**

应用 3.7　试对降低摩擦阻力的几个措施进行比较,哪种效果更好、适应性更强,分小组进行讨论。

任务 3.5　通风阻力测定与计算

任务目标

1.熟悉通风阻力定方法。
2.能够编制出切实可行的通风阻力测定方案。
3.能够进行通风阻力测定的数据处理和报告编写。

任务描述

矿井通风阻力是管理矿井通风的重要工作,了解矿井通风阻力分布,掌握各种典型巷道的阻力系数,可为解决矿井通风问题提供基础数据参考,也为通风优化及改造提供基础。因此,通风阻力测定属于矿井基础工作,按照《煤矿安全规程》,每 3 年要进行一次矿井通风阻力测定工作。每个矿井通风管理人员必须熟悉通风阻力测定编写内容和方法。

知识准备

（1）**通风阻力测定的方法及步骤**

矿井通风阻力测定工作是通风技术管理的重要内容之一。其目的在于检查通风阻力的分布是否合理,某些巷道或区段的阻力是否过大,为改善矿井通风系统,减少通风阻力,降低矿井通风机的电耗以及均压防灭火提供依据。此外,通过阻力测量,还可求出矿井各类巷道的风阻值和摩擦阻力系数值,以备通风技术管理和通风计算时使用。

每个矿井,特别是产量大、机械化程度高的矿井,要想科学地、经济地、合理地开展矿井通风工作,就必须要进行通风阻力测定工作。

《煤矿安全规程》规定:新井投产前应进行1次矿井通风阻力测定,以后每3年至少进行1次。在矿井转入新水平生产或改变一翼通风系统后,都必须重新进行矿井通风阻力的测定。

通风阻力的测量方法常用的有两种:一是压差计测量法,二是气压计测量法。

通风阻力测定的基本内容及要求包括以下3个方面:

①测算井巷风阻。井巷风阻是反映井巷通风特性的重要参数,很多通风问题都和这个参数有关。只要测定出各条井巷的通风阻力和该巷通过的风量,就可计算出它们的风阻值。只要井巷断面和支护方式不变,测一次即可;如果发生了变化,则需要重测。测风阻时,要逐段进行,不能赶时间,力求一次测准。

②测算摩擦阻力系数。断面形状和支护方式不同的井巷,其摩擦阻力系数也不同。只要测出各井巷的阻力、长度、净断面积和通过的风量,代入公式即可计算出摩擦阻力系数。测摩擦阻力系数时,可分段、分时间进行测量,不必测量整个巷道的阻力,但测量精度要求高。

③测算通风阻力的分布情况。为了掌握全矿井通风系统的阻力分布情况,应沿着通风阻力大的路线测定各段通风阻力,了解整个风路上通风阻力分布情况。也可分成若干小段,同时测定,这样既可减少测定阻力的误差,也可节约时间。测量全矿井通风阻力时要求连续、快速。

1)测定前的准备工作

①测定仪表和人员的准备

首先要根据测定的目的,选择通风阻力测定方法。一般来说,测量范围大时,气压计法和压力计法均可选用。范围小时选用压差计法。摩擦阻力系数和局部阻力系数的测定,只能用压差计法。

每个测定小组必备的仪表有:

a.测量两点间的压差:用气压计法时,需要准备两台气压计或矿井通风综合参数检测仪;用压差计法时,可备单管倾斜压差计一台,内径4~6 mm胶皮管或弹性好的塑料管两根,静压管或皮托管两支,小气筒一个,酒精或乙醇若干,有时为了便于压差计调平,放置皮托管,还常用三脚架、小平板等。

b.测量风速:高、中、低速风表各一只,秒表一块。

c.测量空气密度:空盒气压计一台,风扇湿度计一台(若用矿井通风综合参数检测仪测气压,可以不必准备此项仪器)。

d.测量井巷几何参数:20~30 m长皮尺一个,钢卷尺一个,断面测量仪一个。

根据阻力测定方法和测定内容准备测量仪表,所有测定仪器都必须附有校正表和校正曲线,精度应能满足测定要求。

测定时由6~10人组成一个小组,事前做好分工,明确任务。每人都应根据分工掌握所需测定项目的测定方法,熟悉仪表的性能和注意事项。测定范围很大时,可以分成几个小组同时进行,每组测定一个区段和一个通风系统。分组测定时,仪表精度应该一致,校正方法和时间一致。

②记录表格印制

通风阻力测定前要准备的表格主要包括巷道参数记录表、风速记录表、大气条件记录表、气压计测压记录表、压差计测压记录表、矿井通风阻力测定汇总表。

2)选择测量路线和测点

选择测量路线前应对井下通风系统的现实情况做详细的调查研究,并参看全矿通风系统图,根据不同的测量目的选择测量路线。若为全矿井阻力测定,则首先选择风路最长、风量最大的干线为主要测量路线,然后再决定其他若干条次要路线,以及那些必须测量的局部阻力区段;若为局部区段的阻力测定,则根据需要仅在该区段内选择测量路线。

选择路线后,按下列原则布置测点:

①在风路的分叉或汇合地点必须布置测点。如果在分风点或合风点流出去的风流中布置测点时,测点距分风点或合风点的距离不得小于巷道宽度 B 的 12 倍;如果在流入分风点或合风点的风流中布置测点时,测点距分风点或合点的距离一般可为巷道宽度 B 的 3 倍,如图 3.12 所示。

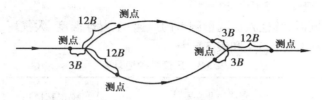

图 3.12　测点布置

②在并联风路中,只沿一条路线测量风压(因为并联风路中各分支的风压相等),其他各风路只布置测风点,测出风量,以便根据相同的风压来计算各分支巷道的风阻。

③如巷道很长且漏风较大时,测点的间距宜尽量缩短,以便逐步追查漏风情况。

④安设皮托管或静压管时,在测点之前至少有 3 m 长的巷道支架良好,没有空顶、空帮、凹凸不平或堆积物等情况。

⑤在局部阻力特别大的地方,应在前后设置两个测点进行测量。但若时间紧急,局部阻力的测量可以留待以后进行,以免影响整个测量工作。

⑥测点应按顺序编号并标注明显。为了减少正式测量时的工作量,可提前将测点间距、巷道断面积测出。

待测量路线和测点位置选好后,要用不同颜色绘成测量路线示意图,并将测点位置、间距、标高和编号注入图中。

3)压差计法测量通风阻力

①现以压差计法为例说明通风阻力的测定方法与步骤:

a.安设皮托管(或静压管)。从第一个测点(见图 3.13)开始。在前后两测点处各设置一个皮托管(或静压管),在后一测点下风侧的 6~8 m 处安设压差计。皮托管(或静压管)的中心管孔正对风流方向(或静压管尖端正对风流方向)。

b.铺设胶皮管。将长胶管由测点 1 铺设到压差计,短胶管由测点 2 铺设到压差计安置点。利用打气筒把胶管内的空气换成巷内空气。

c.连接胶皮管。将长胶管与测点 1 的皮托管静压端相接,另一端与压差计的"+"号端相接;短胶管一端与测点 2 的皮托管静压端相连接,另一端与压差计的"−"号端相连接。

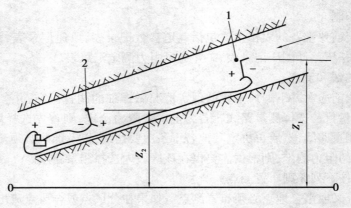

图 3.13　压差计法测定布置图

d.读数。把压差计置于测量状态中,待液面稳定后读取读数并作记录;如液面波动,可读取波动值。仪器读数乘以 K 系数,即为 1-2 测点风流的势能差。读取压差计的夜面读数 $L_读$ 和仪器校正系数 K,记录于表 3.5 中。

e.在测定压差的同时,其他人员测量测点的风速、干湿球温度、大气压、巷道断面尺寸及测点间距,分别记录于表 3.3、表 3.4 和表 3.6 中。

表 3.3　风速基础记录表

测点序号	表速/$(m \cdot s^{-1})$				校正真风速/$(m \cdot s^{-1})$	附　注
	第一次	第二次	第三次	平均		
1						
2						
3						
4						

表 3.4　大气情况基础记录表

测点序号	干温度/℃	湿温度/℃	干湿温度之差/℃	相对湿度/%	大气压力/Pa	空气密度/$(kg \cdot m^{-3})$	附　注
1							
2							
3							
4							

表 3.5　风压基础记录表

测点序号	压差计读数				仪器的校正系数 K	换算成 Pa	附　注
	第一次	第二次	第三次	平均			
1							
2							
3							
4							

表 3.6　巷道规格基础记录表

测点序号	巷道名称	测点位置	巷道形状	支架种类	巷道规格						测点距离/m	累计长度/m	测点标高/m	附注
					上宽/m	下宽/m	高/m	斜高/m	断面/m²	周界/m				
1														
2														
3														
4														

f.按上述测定方法依次沿测点的顺序进行测量,直到全部路线测完为止。

②注意事项

a.在倾斜巷道内,不宜安设测点,始末两点尽量安设在上下水平巷道内。

b.开始测量前,用小气筒将两根胶皮管内原有的空气换成测定地点的空气。

c.测回采面压差时,仪器应安置在运输平巷或回风平巷内、不易被运输干扰的地点,胶皮管沿工作面铺设。如果该工作面邻近有行人或通风小眼,也可将胶皮管通过这些小眼铺设。

d.测定过程中,如果压差计出现异常现象,必须立即查明原因,排除故障,重新测定。其故障可能是:

- 胶皮管因积水、污物进入或打折而堵塞;胶皮管被扎有小眼或破裂。
- 压差计漏气,测压管内或测压管与容器连接处有气泡。
- 静压管放置在风流的涡流区内。

e.在主要运输巷和主要回风测定时,应尽可能增加两测点的长度,以减少分段测定的积累误差和缩短测定时间。

4)气压计法测量通风阻力

用气压计测量通风阻力,最核心的问题就是如何测定测点的空气静压,测量空气静压的仪器种类很多,目前在煤矿井下测定通风阻力使用最多的是矿井通风综合参数检测仪。

①气压计测量通风阻力的方法

气压计测量通风阻力的方法有逐点测定法和双测点同时测定法。

A.逐点测定法

将一台气压计留在基点作为校正大气压变化使用，另一台作为测压仪器从基点开始测量每一测点的压力。如果在测量时间内大气压和通风状况没有变化，那么两测点的绝对压力差就是气压计在两测点的仪器读数差值，即

$$p_1 - p_2 = h_{读1} - h_{读2} \qquad (3.33)$$

式中　p_1, p_2——前后测点的实际绝对静压，Pa；

　　　$h_{读1}, h_{读2}$——前后测点的气压计读数，Pa。

但是，地面大气压和矿井通风状况都可能发生变化，因此，井下任一点的绝对静压也随之变化。这就必须根据基点设置的气压计读数，对这两测点的绝对静压进行校正，即

$$p_1 - p_2 = (h_{读1} - h_{读2}) - (h'_{读1} - h'_{读2}) + \Delta h_{位} + \Delta h_{动} \qquad (3.34)$$

式中　$h'_{读1}$——读取 $h_{读1}$ 时校正气压计的读数，Pa；

　　　$h'_{读2}$——读取 $h_{读2}$ 时校正气压计的读数，Pa；

　　　$\Delta h_{位}$——相邻两测点的位压差，Pa；

　　　$\Delta h_{动}$——相邻两测点的动压差，Pa；

B.双测点同时测定法

它是用两台气压计（Ⅰ，Ⅱ号）同时放在1号测点定基点，然后将Ⅰ号仪器留在1号测点，将Ⅱ号仪器带到2号测点，约定时间同时读取两台仪器的读数后，再把Ⅰ号仪器移到3测点，Ⅱ号仪器留在2测点不动，再同时读数。如此循环前进，直到测定完毕。此法因为两个测点的静压值是同时读取的，所以不需要进行大气压变化的校正，但是测定时比较麻烦。

用气压计法测定通风阻力主要以逐点测定法为主。

②多参数测定仪井下测量步骤

a.将两台仪器同放于基点处，将电源开关拨至"通"位置，等待 15～20 min 后，按"总清"键，记录基点绝对压力值。

b.按"差压"键，并将记忆开关拨于"记忆"位置，再将仪器的时间对准。

c.将一台仪器留于基点处测量基点的大气压力变化情况，并每逢5的倍数每隔5 min 记录一次。

d.另一台仪器沿着测量路线逐点测定各测点的压力，测定时将仪器平放于测点底板上，每个测点读数3次，也是逢5的倍数每隔5 min 记录一次。

e.测定时，首先测测点的相对压力，然后测巷道断面平均风速和断面尺寸，最后测温度与湿度，分别记录于表3.1至表3.4中。如此逐点进行，直到将测点测完为止。

③注意事项

a.由于矿井的通风状态是变化的，井下大气压的变化有时滞后于地面大气压的变化，在同一时间内变化幅度也与地面不同。因此，校正用的气压计最好放在井底车场附近。

b.用矿井通风综合参数检测仪测定平均风速和湿度时，由于受井下环境的影响较大，测得的结果往往误差较大。因此，在实际测定通风阻力时，一般用机械风表和湿度计测测点的巷道断面平均风速和湿度。

c.测定最好选在天气晴朗、气压变化较小和通风状况比较稳定的时间内进行。

5）测定方法的选择

用压差计法测量通风阻力时，只测定压差计读数和动压差值，就可测量出该段通风阻力，

不需要测算位压,数据整理比较简单,测量的结果比较精确,一般不会返工,因此,在标定井巷风阻和计算摩擦阻力系数时,多采用压差计法。但这种方法收放胶皮管的工作量很大,费时较多,尤其是在回采工作面、井筒内或者行人困难井巷及特长距离巷道,不宜采用此方法。

用气压计法测量通风阻力,不需要收放胶皮管和静压管,测定简单。

由于仪器有记忆功能(矿井通风综合参数检测仪),在井下用一台数字气压计就可将阻力测量的所有参数测出,省时省力,操作简单,但位压很难准确测算,精度较差,故一般适用于无法收放胶皮管或大范围测量矿井通风阻力分布的场合。

(2)数据处理及可靠性检查

1)测定数据的处理

资料计算与整理是通风阻力测定中比较重要的一项工作。测定数据的处理虽然较为烦琐,但要求细致、认真,稍有疏忽就会前功尽弃,反复多次,甚至导致错误的结论,所以必须给予重视。

数据处理内容主要包括平均风速计算、空气密度计算、井巷风量计算、井巷相对静压和动压计算、井巷之间的通风阻力计算、全矿井通风阻力计算、各井巷风阻和摩擦阻力系数计算以及矿井压能图的绘制等。

①巷道平均风速的计算

将表3.3中的表速通过校正曲线查出它的真风速 $v_{真}$ 后,再将真风速乘以测风校正系数 K 即得实际平均风速。

②空气密度计算

通过各测点的大气参数和干、湿温度值,查附表1得到各测点的饱和水蒸气的压力 $p_{饱}$ 和各测点的相对湿度 φ 值后,代入密度计算公式计算出测点的密度值。

空气密度的计算,应该精确到小数点后第三位。

计算某测点的动压时,直接用测点的密度值计算,计算两断面间的位压差时,应该用两测点密度的算术平均值。

将各测点的密度或平均密度记入表3.4、表3.7或表3.8和表3.9中。

③风量 Q 的计算

a.相邻两测点风量相差不大或者是均匀漏风的情况下,两测点的平均风量为

$$Q_{均} = \frac{Q_1 + Q_2}{2} \tag{3.35}$$

式中　Q_1,Q_2——巷道始末断面的风量,m^3/s。

b.相邻两测点间如有较大的集中漏风和风流的分叉、汇合时,只能在其前后分别计算平均风量。

c.在进行风量平衡时,所有的风量都要换算成矿井空气标准状态下的风量,即

$$Q_{标} = 2.842 Q_{测} \frac{P}{273.15 + t} \tag{3.36}$$

式中　$Q_{测}$——实测的风量,m^3/s;

　　　P——测风处的大气压力,kPa;

　　　t——测风处的空气温度,℃。

将上述计算结果记入表 3.5 或表 3.6 和表 3.7 中。

④通风阻力 $h_{阻}$ 计算

a.用压差计法时,用式(3.37)计算通风阻力。将相邻测点阻力计算结果记入表 3.5 和表 3.7 中,即

$$h_{阻} = KL_{读g} \pm \Delta h_{动} \tag{3.37}$$

式中　$h_{阻}$——测点间的通风阻力,Pa;

　　　$L_{读g}$——倾斜测压管的读数,mm;

　　　K——单管倾斜压差计的校正系数;

　　　$\Delta h_{动}$——两断面动压之差,Pa。当 1 断面的平均动压大于 2 断面的平均动压时,式中为"+",反之为"-"。

式(3.43)同样适用于其他压差计测量任意两测点的通风阻力。

b.气压计法时,用式(3.38)或式(3.39)计算通风阻力。将相邻测点计算结果记入表 3.8 和表 3.9 中,即

$$h_{阻1-2} = (h_{读1} - h_{读2}) - (h'_{读1} - h'_{读2}) + (Z_1 g \rho_1 - Z_2 g \rho_2) + \left(\frac{1}{2}\rho_1 v_1^2 - \frac{1}{2}\rho_2 v_2^2\right) \tag{3.38}$$

$$h_{阻1-2} = (h_{读1} - h_{读2}) - (h'_{读1} - h'_{读2}) + \Delta h_{位} + \Delta h_{动} \tag{3.39}$$

式中　$h'_{读1}$——读取 $h_{读1}$ 时校正气压计的读数,Pa;

　　　$h'_{读2}$——读取 $h_{读2}$ 时校正气压计的读数,Pa。

表 3.7　压差计法测量通风阻力计算表

测点序号	巷道名称	测点位置	断面积/m²	平均风速/(m·s⁻¹)	风量/(m²·s⁻¹)	空气密度/(kg/m³)	动压/Pa	动压差/Pa	风压读数之差	测点间阻力/Pa	累计通风阻力	测点距离/m	累计长度/m
1													
2													
3													

表 3.8　气压计法测量通风阻力计算表

测点序号	巷道名称	测点位置标高/m	测定时间	气压校正系数	断面积/m²	平均风速/(m²·s⁻¹)	风量/(m²·s⁻¹)	空气密度/(kg·m⁻³)	动压/Pa	动压差/Pa	测点位压/Pa	位压差/Pa	风压读数/Pa	测点相对总压力/Pa	测点间阻力/Pa	累计通风阻力/Pa	测点距离/m	累计长度/m
1																		
2																		
3																		
4																		

表 3.9 风阻及摩擦阻力系数计算

测点序号	巷道名称	测点位置	巷道形状	支架种类	测点通风阻力/Pa	风量/(m²·s⁻¹)	平均风量/(m²·s⁻¹)	区段巷道风阻/(Ns²·m⁻⁸)	空气密度/(kg·m⁻³)	巷道风阻标准值/(Ns²·m⁻⁸)	测点距离/m	累计长度/m	百米巷道风阻标准值/(Ns²·m⁻¹)	周界/m	断面积/m²	摩擦阻力系数标准值/(Ns²·m⁻¹)
1																
2																
3																
4																

c.通风系统总阻力 $h_{总}$ 的计算。

通风系统总阻力等于该系统从总进风口到总出风口间,沿任意一条风流路线各测段通风阻力之和,即

$$h_{总} = h_{阻1\text{-}2} + h_{阻2\text{-}3} + h_{阻3\text{-}4} + \cdots + h_{阻[n\text{-}(n+1)]} \qquad (3.40)$$

将计算结果记入表 3.5 和表 3.6 中。

根据表 3.5 和表 3.6 中统计整理的数据,在方格纸上以巷道累计长度为横坐标,分别以温度、湿度、风量及阻力为纵坐标,绘制温度、湿度、风量及阻力曲线图,如图 3.14 所示。

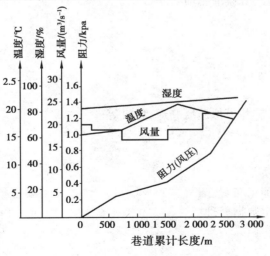

图 3.14 阻力测量成果图

d.测点的相对总压能 $h_{总i}$ 计算

$$h_{总i} = h_{静i} + h_{位i} + h_{动i} \qquad (3.41)$$

式中　$h_{静i}$——测点对基点的相对静压,$h_{静i} = (h_{读i} + \Delta h_{气})g$,Pa;

$h_{读i}$——仪器在测点读数出的相对静压,当测点的绝对压力高于基点时,读数显示"+"值,低于基点时,读数显示"−"值;

$\Delta h_{气}$——仪器在测点读数时,地面大气压力的变化值,当仪器在测点读数时,地面大气

65

压力比记忆大气压力 p_0 增大了 $\Delta h_气$ 值时,则测点相对静压的读数值减少了 $\Delta h_气$ 值,因此,应将 $\Delta h_气$ 值加到相对静压中,即 $\Delta h_气$ 为正值;反之,为负值。

将上述结果记入表 3.6 中。

2)测定结果可靠性检查

测点资料汇总以后,应对全系统或个别地段测定结果进行检查校验。

因为仪表精度、测定技巧的熟练程度等因素的影响,所以测定时总会发生这样或那样的误差。如果误差在允许范围以内,那么,测定结果可以直接应用;如果误差较大,应查明原因进行重新测量。系统、全面地分析各种误差的原因,比较困难,也没有必要。但是,根据通风阻力测定的目的和要求,在测定中有目的地进行一些校验测定,则是完全必要的。

①风量的校验

换算成标准矿井空气状态下的风量,根据"在密度不变的情况下,流进汇点或闭合风路的风量,等于流出汇点或闭合风路的风量"的原则进行风量比较,其误差不应该超过所用风表的允许误差值。如果误差过大,则应分析查明原因,必要时进行局部或全部重新测定。

②通风阻力的校验

根据闭合风路中,每一条风路的通风阻力累计值都应该相等的原则,如果已经测定了两条以上并联风路的通风阻力,就可相互校验,其两者相差不应超过 5%。假使测定时只需要测量一条路线,为了校验,也应尽可能再选择一条路线最短而又与之并联的风路,测量它的通风阻力以便校验。

测量全矿井系统总阻力时,最好利用通风机房内设置的压差计读数校验。通过压差计的读数及测定风机入风口的动压和矿井的自然风压,计算出全矿井的通风阻力,再与分段测量累计的全矿井总阻力相比较,其误差不应大于 5%。

任务实施

(1)任务准备

各种阻力测定仪器,矿井模拟通风巷道,风机等。

(2)重点梳理

①通风阻力测定方法。
②阻力测定路线及测点布置。
③矿井通风阻力测定数据处理。

(3)任务应用

应用 3.8 用单管倾斜压差计与静压管测量一条运输大巷的阻力。该巷为半圆拱料石砌碹,测点 1 与测点 2 处的巷道断面积为 $S_2 = 8.8 \text{ m}^2$,$S_2 = 8.0 \text{ m}^2$,1,2 两测点的间距是 300 m,通过该巷道的风量是 30 m^3/s,单管倾斜压差计的读数为 $L = 21.1$ mm 液柱,读数时的仪器校正系数 $K = 0.2$,测点 1 的空气密度 $\rho_1 = 1.25 \text{ kg/m}^3$ 测点 2 的空气密度 $\rho_2 = 1.21 \text{ kg/m}^3$。试计算该巷道的摩擦阻力和摩擦阻力系数,并将摩擦阻力系数换成标准值。

应用 3.9 要求使用皮托管、压差计及相关设备测量通风状况下的模拟巷道阻力,记录相关数值包括大气参数,然后学生分组对数据进行处理,将处理的数据填入表 3.3 至表 3.9。

项目 4
矿井通风动力

项目说明

空气在井巷中流动需要克服通风阻力,必须提供通风动力以克服空气阻力,才能促使空气在井巷中流动,实现矿井通风。矿井通风动力有由自然条件形成的自然风压和由通风机提供的机械风压两种。其中,由通风机构成的矿井通风动力系统是本项目的学习重点。

任务 4.1　自然风压

任务目标

1.熟悉自然风压的形成和计算。

2.熟悉对自然风压的控制和利用。

3.掌握自然风压的测量。

任务描述

通过对本任务的学习,深入认识矿井自然风压,对矿井自然风压能进行有效利用和计算。

知识准备

(1)自然风压形成及其计算

风流从气温较低的井筒进入矿井,从气温较高的井筒流出,这种由自然因素作用而形成的通风,称为自然通风,如图 4.1 所示。

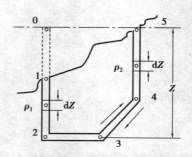

图 4.1 矿井利用自然风压通风示意图

冬季:空气柱 0-1-2 比 5-4-3 的平均温度较低,平均空气密度较大,导致两空气柱作用在2-3 水平面上的重力不等。它使空气源源不断地从井口 1 流入,从井口 5 流出。

夏季:相反。

自然风压:作用在最低水平两侧空气柱重力差。

把这个空气柱的质量差称为自然风压 $H_{自}$,把地表大气视为一个断面无限大、风阻为零的假想风路,则可将通风系统视为一个有高差的闭合回路,由自然风压的形成原因,可得到其计算公式为

$$H_{自} = \int_0^2 \rho_1 g \mathrm{d}Z - \int_3^5 \rho_2 g \mathrm{d}Z \tag{4.1}$$

式中 Z——矿井最高点到最低点间的距离,m;

g——重力加速度,m/s^2;

ρ_1,ρ_2——0-1-2 和 5-4-3 井巷中 $\mathrm{d}Z$ 段空气密度,kg/m^3。

由于空气密度 ρ 与高度 Z 有着复杂的函数关系,因此用式(4.1)计算自然风压比较困难。为了简化计算,一般先测算出 0-1-2 和 5-4-3 井巷中空气密度的平均值 $\rho_{均进}$,$\rho_{均回}$,分别代替式(4.1)中的 ρ_1 和 ρ_2,则式(4.1)可写为

$$H_{自} = (\rho_{均进} - \rho_{均回}) g Z \tag{4.2}$$

自然风压具有以下 4 种性质:

①形成矿井自然风压的主要原因是矿井进、出风井两侧的空气柱质量差。不论有无机械通风,只要矿井进、出风井两侧存在空气柱质量差,就一定存在自然风压。

②矿井自然风压的大小和方向取决于矿井进、出风两侧空气柱的质量差的大小和方向。这个质量差,又受进、出风井两侧的空气柱的密度和高度影响,而空气柱的密度取决于大气压力、空气温度和湿度。由于自然风压受上述因素的影响,因此,自然风压的大小和方向会随季节变化,甚至昼夜之间也可能发生变化,单独用自然风压通风是不可靠的。因此,《规程》规定,每一个生产矿井必须采用机械通风。

③矿井自然风压与井深成正比,矿井自然风压与空气柱的密度成正比,因而与矿井空气大气压力成正比,与温度成反比。地面气温对自然风压的影响比较显著。地面气温与矿区地形、开拓方式、井深以及是否机械通风有关。一般来说,由于矿井出风侧气温常年变化不大,而浅井进风侧气温受地面气温变化影响较大,深井进风流气温受地面气温变化的影响较小,因此,矿井进、出风井井口的标高差越大,矿井越浅,矿井自然风压受地面气温变化的影响也越大,一年之内不但大小会变化,甚至方向也会发生变化;反之,深井自然风压一年之内大小虽有变化,但一般没有方向上的变化。

④主要通风机工作对自然风压的大小和方向也有一定的影响。因为矿井主通风机的工作决定了矿井风流的主要流向，风流长期与围岩进行热交换，在进风井周围形成了冷却带，此时即使风机停转或通风系统改变，进、回风井筒之间仍然会存在气温差，从而仍在一段时间之内有自然风压起作用，有时甚至会干扰主要通风机的正常工作，这在建井时期表现尤为明显，需要引起注意。

（2）自然风压的控制和利用

自然通风作用在矿井中普遍存在，它在一定程度上会影响矿井主要通风机的工况。要想很好地利用自然通风来改善矿井通风状况和降低矿井通风阻力，就必须根据自然风压的产生原因及影响因素，采取有效措施对自然风压进行控制和利用。

1）对自然风压的控制

在深井中自然风压一般常年都帮助主要通风机通风，只是在季节改变时其大小会发生变化，可能影响矿井风量。但在某些深度不大的矿井中，夏季自然风压可能阻碍主要通风机的通风，甚至会使小风压风机通风的矿井局部地点风流反向。这在矿井通风管理工作中应予重视，尤其在山区多井筒通风的高瓦斯矿井中应特别注意，以免造成风量不足或局部井巷风流反向酿成事故。为防止自然风压对矿井通风的不利影响，应对矿井自然通风情况做充分的调查研究和实际测量工作，掌握通风系统及各水平自然风压的变化规律，这是采取有效措施控制自然风压的基础。在掌握矿井自然风压特性的基础上，可根据情况采取安装高风压风机的方法来对自然风压加以控制，也可适时调整主要通风机的工况点，使其既能满足矿井通风需要，又可节约电能。

2）设计和建立合理的矿井通风系统

由于矿区地形、开拓方式和矿井深度的不同，地面气温变化对自然风压的影响程度也不同。因此，在山区和丘陵地带，应尽可能利用进出风井口的标高差，将进风井布置在较低处，出风井布置在较高处。如果采用平硐开拓，有条件时应将平硐作为进风井，并将井口尽量迎向常年风向，或者在平硐口外设置适当的导风墙，出风平硐口设置挡风墙。进出风井口标高差较小时，可在出风井口修筑风塔，风塔高度以不低于10 m为宜，以增加自然风压。

3）人工调节进、出风侧的气温差

在条件允许时，可在进风井巷内设置水幕或借井巷淋水冷却空气，以增加空气密度，同时可起到净化风流的作用。在出风井底处利用地面锅炉余热等措施来提高回风流气温，减小回风井空气密度。

4）降低井巷风阻

尽量缩短通风路线或采用平行巷道通风；当各采区距离地表较近时，可用分区式通风；各井巷应有足够的通风断面，且应保持井巷内无杂物堆积，防止漏风。

5）消灭独井通风

在建井时期可能会出现独井通风现象，此时可根据条件用风幛将井筒隔成一侧进风另一侧出风；或用风筒导风，使较冷的空气由井筒进入，较热的空气从导风筒排出。也可利用钻孔构成通风回路，形成自然风压。

6）注意自然风压在非常时期对矿井通风的作用

在制订《矿井灾害预防和处理计划》时，要考虑到万一主要通风机因故停转，如何采取措施利用自然风压进行通风以及此时自然风压对通风系统可能造成的不利影响,制订预防措施,防患于未然。

(3)自然风压的测定

生产矿井自然风压的测定方法有两种,即直接测定法和间接测定法。

1)直接测定法

矿井在无通风机工作或通风机停止运转时,在总风流的适当地点设置临时隔断风流的密闭,将矿井风流严密遮断,而后用压差计测出密闭两侧的静压差。该静压差便是矿井的自然风压值。或将风硐中的闸门完全放下,然后由风机房水柱计直接读出矿井自然风压值,如图4.2所示。

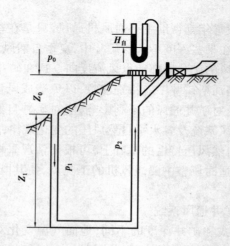

图4.2 用通风机房中的压差计测自然风压

2)间接测定法

间接测定法一般采用密度法,如式(4.2),这个前面已经介绍,这里不再赘述。

 任务实施

(1)任务准备

温度计,电子叶轮式风表(微速机械轮式风表),模拟矿井。

(2)重点梳理

对矿井自然风压的控制和利用。

(3)任务应用

应用4.1 如图4.1所示的自然通风矿井,测得 $\rho_0 = 1.3\ \text{kg/m}^3$,$\rho_1 = 1.26\ \text{kg/m}^3$,$\rho_2 = 1.16\ \text{kg/m}^3$,$\rho_3 = 1.14\ \text{kg/m}^3$,$\rho_4 = 1.15\ \text{kg/m}^3$,$\rho_5 = 1.3\ \text{kg/m}^3$,$Z_{01} = 45\ \text{m}$,$Z_{12} = 100\ \text{m}$,$Z_{34} = 65\ \text{m}$,$Z_{45} = 80\ \text{m}$。试求该矿井的自然风压,并判断其风流方向。

应用 4.2　组织学生分两组实训,一组在模拟矿井上井口,另一组在模拟矿井里。井下持有电子叶轮式风表或微速机械式风表,先进行风速和温度测量,关掉主通风机,打开防爆风门,形成通畅的自然通风线路,通知井下实训学生进行风速和温度测量,完成后互换进行实训,并填写表 4.1。

表 4.1　矿井风速对比表

主通风机	温　度	风　速
正常运行		
关停后		

任务 4.2　矿井通风机

任务目标

1.熟悉矿用通风机的分类及构造。
2.熟悉矿用主通风机附属装置及施工要求。
3.掌握主通风机安全使用要求。

任务描述

矿井通风动力中自然风压较小且不稳定,不能保证矿井通风的要求。因此,《规程》规定,每一个矿井都必须采用机械通风。我国煤矿已普遍使用机械通风。在全国统配煤矿中,主要通风机的平均电能消耗量占全矿电能消耗的比重较大,据统计,国有煤矿主要通风机平均电耗占矿井电耗的 20%～30%,个别矿井通风设备的耗电量可达 50%。因此,合理选择和使用主要通风机,不但能使矿井安全得到根本的保证,同时对改善井下的工作条件、提高煤矿的主要技术经济指标也有重要作用。

知识准备

（1）矿用通风机分类

1）矿用通风机按照其服务范围和所起的作用分类

①主要通风机

担负整个矿井或矿井的一翼或一个较大区域通风的通风机,称为矿井的主要通风机。

②辅助通风机

用来帮助矿井主要通风机对一翼或一个较大区域克服通风阻力,增加风量的通风机,称为主要通风机的辅助通风机。

③局部通风机

供井下某一局部地点通风使用的通风机,称为局部通风机。它一般服务于井巷掘进通风。

2)矿用通风机按照构造和工作原理分类

可分为离心式通风机和轴流式通风机。

(2)矿用通风机构造

1)离心式通风机

如图 4.3 所示为离心式通风机的构造及其在矿井通风井口作抽出式通风的示意图。

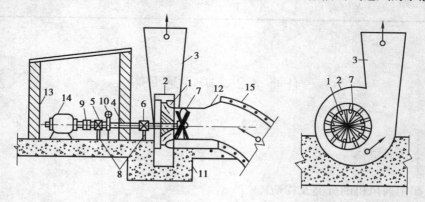

图 4.3　离心式通风机的构造

1—工作轮;2—蜗壳体;3—扩散器;4—主轴;5—止推轴承;6—径向轴承;

7—前导器;8—机架;9—联轴器;10—制动器;11—机座;12—吸风口;

13—通风机房;14—电动机;15—风硐

①离心式通风机机组成

离心式通风机一般由进风口、工作轮(叶轮)、螺形机壳及扩散器等部分组成。有的型号通风机在入风口中还有前导器。吸风口有单吸和双吸两种。

叶片出口构造角:风流相对速度 w_2，w_2 的方向与圆周速度 u_2 的反方向夹角,称为叶片出口构造角,以 β_2 表示。

离心式风机可分为前倾式($\beta_2 > 90°$)、径向式($\beta_2 = 90°$)和后倾式($\beta_2 < 90°$)3 种,如图 4.4 所示。β_2 不同,通风机的性能也不同。矿用离心式风机多为后倾式。

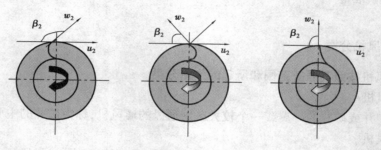

图 4.4　工作轮叶片构造角度

②工作原理

当电动机传动装置带动工作轮在机壳中旋转时,叶片流道间的空气随叶片的旋转而旋转,获得离心力,经叶端被抛出工作轮,流到螺旋状机壳里。在机壳内空气流速逐渐减小,压力升高,然后经扩散器排出。与此同时,在叶片的入口即叶根处形成较低的压力(低于吸风口的压力),于是,吸风口处的空气便在此压差的作用下自叶根流入,从叶端流出,如此源源不断形成连续流动。

③离心式风机机型号

现我国生产的离心式通风机较多,适用煤矿作主要通风机的有 4-72-11 型、G4-74-11 型、K4-74-01 型等。型号参数的含义以 K4-74-01No.32 型为例说明如下:

K——矿用;

4——效率最高点压力系数的 10 倍,取整数;

73——效率最高点比转速,取整数;

0——通风机进风口为双面吸入;

1——第一次设计;

No.32——通风机机号,为叶轮直径,dm。

2)轴流式通风机

如图 4.5 所示为轴流式通风机的构造及其在矿井通风井口作抽出式通风的示意图。

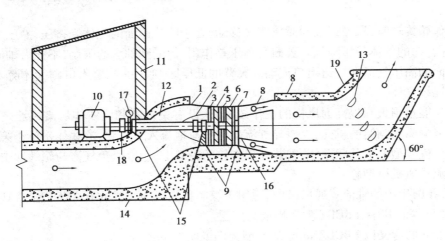

图 4.5 轴流式通风机的构造

1—集风器;2—流线体;3—前导器;4—第一级工作轮;5—中间整流器;

6—第二级工作轮;7—后整流器;8—环形或水泥扩散器;9—机架;10—电动机;

11—通风机房;12—风硐;13—导流板;14—基础;15—径向轴承;16—止推轴承;

17—制动器;18—齿轮联轴节;19—扩散塔

①轴流式通风机组成及工作原理

轴流式通风机主要由进风口、工作轮、整流器、主体风筒、扩散器及传动轴等部件组成。

进风口是由集风器和疏流罩构成的断面逐渐缩小的环行通道,使进入工作轮的风流均匀,以减小阻力,提高效率。

73

工作轮是由固定在轴上的轮毂和以一定角度安装在其上的叶片构成。工作轮有一级和二级两种。二级工作轮产生的风压是一级的 2 倍。轮毂上安装有一定数量的叶片。叶片的形状为中空梯形,横断面为翼形;沿高度方向可做成扭曲形,以期消除或减小径向流动。工作轮的作用是增加空气的全压。

整流器(导叶)安装在每一级工作轮之后,为固定轮。其作用是整直由工作轮流出的旋转气流,减少动能和涡流损失。

环行扩散器是使从整流器流出的环状气流逐渐扩张,过渡到全断面。随着断面的扩大,空气的一部分动压转换为静压。

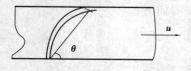

图 4.6 轴流式通风机叶片的构造

在轴流式风机中,风流流动的特点是:当动轮转动时,气流沿等半径的圆柱面旋转绕流出。

用与机轴同心、半径为 R 的圆柱面来切割动轮叶片,并将此切割面展开成一平面,就得到了由翼剖面排列而成的翼栅。如图 4.6 所示为轴流式通风机叶片构造。

在叶片迎风侧作一外切线,称为弦线,弦线与工作轮旋转方向(u)的夹角称为叶片安装角,以 θ 表示。θ 角是可调的。因为通风机的风压、风量的大小与 θ 角有关,所以工作时可根据所需要的风量、风压调节 θ 的角度。在一级通风机中,θ 角的调节范围是 10°~40°,二级通风机的调节范围是 15°~45°,可按相邻角度差 5°或 2.5°调节,但每个工作轮上的 θ 角必须严格保持一致。

当工作轮旋转时,翼栅即以圆周速度 u 移动,处于叶片迎面的气体受挤压,静压增加;与此同时,叶片背面的气体静压降低。翼栅受到压差作用,但受到轴承的限制,不能沿轴向运动,于是叶片迎面的高压气流向叶道出口流动。翼背的低压区"吸引"叶道入口侧气体流入,形成穿过翼栅的连续气体。

为减少能量损失和提高通风机的工作效率,还设有集风器和流线体。集风器是在通风机入风口处呈喇叭状圆筒的机壳,以引导气流均匀平滑地流入工作轮;流线体是位于第一级工作轮前方的呈流线型的半球状罩体,安装在工作轮的轮毂上,用以避免气流与轮毂冲击。

②轴流式风机机型号

目前,我国生产的轴流式通风机中,适用于煤矿作主要通风机的有 2K60 型、GAF 型、2K56 型、FBCDZ 型等。其中,FBCDZ 型使用最为广泛。

型号参数的含义以 FBCDZNo.×/2×Y 型为例说明如下:

F——风机;

B——防爆;

C——抽出式;

D——对旋;

Z——主要;

No.×——机号,以叶轮直径的分米数表示;

2×Y——配套电机功率,kW。

(3)主风机的附属装置及施工要求

矿井使用的主要通风机,除了主机之外尚有一些附属装置。主要通风机和附属装置总称为通风机装置。附属装置有风硐(引风硐)、扩散器、防爆门及反风装置等。

1)风硐

风硐是连接通风机和风井的一段巷道,如图 4.7 所示。

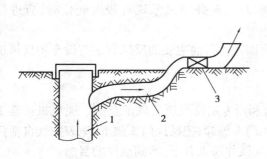

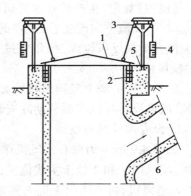

图 4.7　风硐　　　　　　　图 4.8　立井防爆门示意图
1—出风井;2—风硐;3—通风机　　　1—防爆门;2—井口圈;3—滑轮;
　　　　　　　　　　　　　　　　4—平衡锤;5—压脚;6—风硐

因为通过风硐的风量很大,风硐内外压力差也较大,其服务年限长,所以风硐多用混凝土、砖石等材料建筑,对设计和施工的质量要求较高。

良好的风硐应满足以下要求:

①应有足够大的断面,风速不宜超过 15 m/s。

②风硐的风阻不应大于 0.019 6 Ns^2/m^8,阻力不应大于 100~200 Pa。风硐不宜过长,与井筒连接处要平缓,转弯部分要呈圆弧形,内壁要光滑,并保持无堆积物,拐弯处应安设导流叶片,以减少阻力。

③风硐及闸门等装置,结构要严密,以防止漏风。

④风硐内应安设测量风速和风流压力的装置,风硐和主通风机相连的一段长度不应小于 10~12D(D 为通风机工作轮的直径)。

⑤风硐与倾角大于 30°的斜井或立井的连接口距风井 1~2 m 处应安设保护栅栏,以防止检查人员和工具等坠落到井筒中;在距主要通风机入风口 1~2 m 处也应安设保护栅栏,以防止风硐中的脏、杂物被吸入通风机。

⑥风硐直线部分要有流水坡度,以防积水。

2)防爆门(防爆井盖)

防爆门是在装有通风机的井口上为防止瓦斯或煤尘爆炸时毁坏通风机而安装的安全装置,如图 4.8 所示。

防爆门应布置在出风井轴线上,其面积不得小于出风井口的断面积。从出风井与风硐的交叉点到防爆门的距离应比从该交叉点到主要通风机吸风口的距离至少短 10 m。防爆门必须有足够的强度,并有防腐和防抛出的措施。为了防止漏风,防爆门应该封闭严密。如果采用液体作密封时,在冬季应选用不燃的不冻液,且要求以当地出现的 10 年一遇的最低温度时不冻为准。槽中应经常保持足够的液量,槽的深度必须使其内盛装的液体的压力大于防爆门内外的空气压力差。井口壁四周还应安装一定数量的压脚,当反风时用它压住防爆门,以防掀起防爆门造成风流短路。

3）反风装置

当矿井在进风井口附近、井筒或井底车场及其附近的进风巷中发生火灾、瓦斯和煤尘爆炸时，为了防止事故蔓延，减轻灾情，以便进行灾害处理和救护工作，有时需要改变矿井的风流方向。《规程》规定：生产矿井主要通风机必须装有反风设施，并能在 10 min 内改变巷道中的风流方向；当风流方向改变后，主要通风机的供给风量不应小于正常供风量的 40%。每季度应至少检查 1 次反风设施，每年应进行 1 次反风演习；当矿井通风系统有较大变化时，应进行 1 次反风演习。

反风装置的类型随通风机的类型和结构不同而异。目前主要的反风方法有设专用反风道反风、风机反转反风和调节动叶安装角反风。

①设专用反风道反风

如图 4.9 所示为离心式风机作抽出式通风时利用专用反风道反风示意图。通风机正常工作时，反风门 1 和 2 处于实线位置，反风时将反风门 1 提起，把反风门 2 放下，地表空气自活门 2 进入通风机，再从活门 1 进入旁侧反风道 3，进入风井流入井下，达到反风的目的。

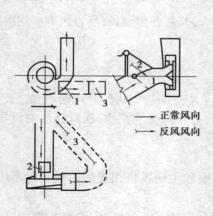

图 4.9　离心式通风机的反风装置

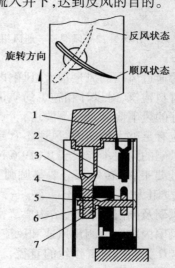

图 4.10　GAF 型风机机械式叶轮调节系统
1—动叶；2—蜗杆；3—叶柄；4—蜗轮；
5—小伞齿轮；6—大伞齿轮；7—小齿轮

②轴流式风机反转反风

调换电动机电源的任意两相接线，使电动机改变转向，从而改变通风机动轮的旋转方向，使井下风流反向。此种方法基建费用小，反风方便。但是一些老型号的轴流式通风机反风后风量达不到要求。一些新型轴流式通风机，将后导叶设计成可调节角度的，反风时，将后导叶同时扭一角度，反风后的风量即能满足要求。

③调节通风机叶片安装角反风

对于有动叶可同时整体偏转装置的轴流式通风机，只要把所有叶片同时偏转一定角度（大约 120°），不停改变动轮转向即可实现矿井风流反向。GAF 型轴流式通风机有两种方法调整叶片安装角：一是运行中采用液压调节，常在电厂的通风机调节中采用；二是采用机械式调节，如图 4.10 所示。

当通风机停转后,从机壳外以手轮调节杆伸入叶轮毂,手轮转动,使蜗杆 2、蜗轮 4 转动,而蜗轮转动则使与其相连的小齿轮 7、大伞齿轮 6、小伞齿轮 5 跟随转动,从而达到改变叶轮 1安装角的目的。反风时,叶轮旋转方向不变,只需将叶轮转到图中虚线位置即可。

4) 扩散器

在通风机出口处外接的具有一定长度、断面逐渐扩大的风道,称为扩散器。其作用是降低出口速压以提高通风机的静压。小型离心式通风机的扩散器由金属板焊接而成,大型离心式通风机的扩散器用砖或混凝土砌筑,其纵断面呈长方形,扩散器的敞角 α 不宜过大,一般为8°~10°,以防脱流。出口断面与入口断面之比为 3~4。轴流式通风机的扩散器由环形扩散器与水泥扩散器组成。环形扩散器由圆锥形内筒和外筒构成,外圆锥体的敞角一般为 7°~12°,内圆锥体的敞角一般为 3°~4°。水泥扩散器为一段向上弯曲的风道,它与水平线所成的夹角为 60°,其高为叶轮直径的 2 倍,长为叶轮直径的 2.8 倍,出风口为长方形断面(长为叶轮直径的 2.1 倍,宽为叶轮直径的 1.4 倍)。扩散器的拐弯处为双曲线形,并安设一组导流叶片,以降低阻力。

(4) 主风机的安全使用

为了保证通风机安全可靠的运转,《规程》第一百五十八条中规定:

① 主要通风机必须安装在地面;装有通风机的井口必须封闭严密,其外部漏风率在无提升设备时不得超过 5%,有提升设备时不得超过 15%。

② 必须保证主要通风机连续运转。

③ 必须安装两套同等能力的主要通风机装置,其中一套作备用,备用通风机必须能在10 min 内开动。

④ 严禁采用局部通风机或局部通风机群作为主要通风机使用。

⑤ 装有主要通风机的出风井口应安装防爆门,防爆门每 6 个月检查维修 1 次。

⑥ 至少每月检查 1 次主要通风机。改变主要通风机转数、叶片角度时或者对旋式主要通风机运转级数时,必须经矿技术负责人批准。

⑦ 新安装的主要通风机投入使用前,必须进行试运转和通风机性能测定,以后每 5 年至少进行 1 次性能测定。

⑧ 主要通风机技术改造及更换叶片后必须进行性能测试。

⑨ 井下严禁安设辅助通风机。

 任务实施

(1) 任务准备

离心式通风机,轴流式通风机,主通风机房,风硐,防爆风门。

(2) 重点梳理

① 矿用通风机的结构及分类。

② 主通风机附属装置的作用。

（3）任务应用

应用 4.3　组织学生进行参观主通风机房实训，并对离心式和轴流式风机识别，指出主通风机房风硐和防爆风门的位置，实训完成后，手绘平面结构图。

任务 4.3　通风机的工作特性

任务目标

1.熟悉矿用通风机的工作参数及风机房水柱计示值含义。
2.熟悉并掌握通风机个体特性及风机工况点的意义所在。
3.熟悉并掌握对比例定律和类型特性曲线的分析应用。

任务描述

通过对通风机的风量 $Q_{通}$、压力 $H_{通}$、功率 $p_{通}$ 和效率 η 4 个工作参数学习，掌握对矿用通风机的工作特性，在理解的基础上绘出个体特性曲线并进行分析。

知识准备

（1）通风机的工作参数

反映通风机工作特性的基本参数有 4 个，即通风机的风量 $Q_{通}$、压力 $H_{通}$、功率 $p_{通}$ 及效率 η。

1）通风机的风量 $Q_{通}$

$Q_{通}$ 表示单位时间内通过通风机的风量，当通风机抽出式工作时，通风机的风量等于回风道总排风量与井口漏入风量之和；当通风机压入式工作时，其单位为 m^3/s。风机的风量等于进风道的总进风量与井口漏出风量之和。因此，通风机的风量要用风表或皮托管与压差计在风硐或通风机扩散器处实测。

2）通风机的风压 $H_{通}$

通风机的风压有通风机全压（$H_{通全}$）、静压（$H_{通静}$）和动压（$h_{通动}$）。通风机的全压表示单位体积的空气通过通风机后所获得的能量，单位为 Nm/m^3 或 Pa，其值为通风机出口断面与入口断面上的总能量之差。因为出口断面与入口断面高差较小，其位压差可忽略不计，所以通风机的全压为通风机出口断面与入口断面上的绝对全压之差，即

$$H_{通全} = p_{全出} - p_{全入} \tag{4.3}$$

式中　$p_{全出}$——通风机出口断面上的全压，Pa；

　　　$p_{全入}$——通风机入口断面上的全压，Pa。

通风机的全压包括通风机的静压与动压两个部分,即

$$H_{通全} = H_{通静} + h_{通动} \tag{4.4}$$

由于通风机的动压是用来克服风流自扩散器出口断面进到地表大气(抽出式)或风硐(压入式)的局部阻力,因此,扩散器出口断面的动压等于通风机的动压,即

$$h_{扩动} = h_{通动} \tag{4.5}$$

式中　$h_{扩动}$——扩散器出口断面的动压,Pa。

3)通风机的功率 P

通风机的输入功率 $P_{通入}$ 表示通风机轴从电动机得到的功率,单位为 kW。通风机的输入功率 $P_{通入}$(kW)可计算为

$$P_{通入} = \frac{\sqrt{3}\,UI\cos\varphi}{1\,000}\eta_{电}\,\eta_{传} \tag{4.6}$$

式中　U——线电压,V;

　　　I——线电流,A;

　　　$\cos\varphi$——功率因数;

　　　$\eta_{电}$——电动机效率,%;

　　　$\eta_{传}$——传动效率,%。

通风机的输出功率 $P_{输出}$(kW)也称有效功率,是指单位时间内通风机对通过的风量为 Q 的空气所做的功,即

$$P_{输出} = \frac{H_{通}Q}{1\,000} \tag{4.7}$$

因为通风机的风压有全压与静压之分,所以式(4.7)中当 $H_{通}$ 为全压时,即为全压输出功率 $N_{通全出}$。当 $H_{通}$ 为静压时,即为静压输出功率 $N_{通静出}$。

4)通风机的效率 η

通风机的效率是指通风机输出功率与输入功率之比。因为通风机的输出功率有全压输出功率与静压输出功率之分,所以通风机的效率分全压效率 $\eta_{通全}$ 与静压效率 $\eta_{通静}$,即

$$\eta_{通全} = \frac{P_{通全出}}{P_{通入}} = \frac{H_{通全}Q}{1\,000P_{通入}} \tag{4.8}$$

$$\eta_{通静} = \frac{P_{通静出}}{P_{通入}} = \frac{H_{通静}Q}{1\,000P_{通入}} \tag{4.9}$$

很显然,通风机的效率越高,说明通风机的内部阻力损失越小,性能也越好。

(2)通风系统主要参数关系——风机房水柱计示值含义

1)抽出式通风矿井(见图 4.11)

①水柱(压差)计示值与矿井通风阻力和风机静压之间关系水柱计示值即为 4 断面相对静压 h_4,故

$$h_4(负压) = p_4 - p_{04}$$

沿风流方向,对 1,4 两断面列伯努力方程为

$$h_{R14} = (p_1 + h_{v1} + \rho_{m12}gZ_{12}) - (p_4 + h_{v4} + \rho_{m34}gZ_{34})$$

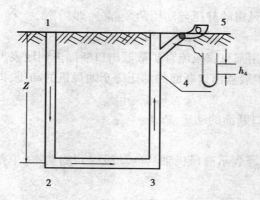

图 4.11 抽出式矿井通风示意图

由风流入口边界条件

$$p_{t1} = p_{01}$$

即

$$p_1 + h_{v1} = p_{t1} = p_{01}$$

又因 1 与 4 断面同标高,故

$$p_{01} = p_{04}$$

且

$$\rho_{m12} g Z_{12} - \rho_{m34} g Z_{34} = H_N$$

故上式可写为

$$h_{R14} = p_{04} - p_4 - h_{v4} + H_N$$
$$h_{R14} = |h_4| - h_{v4} + H_N$$

即

$$|h_4| = h_{R14} + h_{v4} - H_N$$

即风机房水柱计示值反映了矿井通风阻力和自然风压等参数的关系。

②风机房水柱计示值与风机风压之间关系

类似地对 4,5 断面(扩散器出口)列伯努力方程,忽略两断面之间的位能差。

扩散器的阻力为 h_{Rd}。

风流出口边界条件

$$p_5 = p_{05} = p_{04}$$

故风机全压

$$H_t - h_{Rd} = p_{t5} - p_{t4} = (p_5 + h_{V5}) - (p_4 + h_{V4})$$
$$= p_{04} - p_4 + h_{V5} - h_{V4}$$
$$H_t = |h_4| - h_{v4} + h_{Rd} + h_{V5}$$

若忽略 h_{Rd} 不计,则

$$H_t \cong |h_4| - h_{V4} + h_{V5}$$

风机静压

$$H_s = |h_4| - h_{V4}$$

③H_t,H_N,h_R 之间的关系

综合上述两式,则

$$H_t = \mid h_4 \mid - h_{V4} + h_{Rd} + h_{V5}$$
$$= (h_{R14} + h_{V4} - H_N) - h_{V4} + h_{Rd} + h_{V5}$$
$$= h_{R14} + h_{Rd} + h_{V5} - H_N$$

即

$$H_t + H_N = h_{R14} + h_{Rd} + h_{V5}$$

上式表明,扇风机风压和自然风压联合作用,克服矿井和扩散器的阻力及扩器出口动能损失。

2)**压入式通风的系统**(见图 4.12)

对 1,2 两断面列伯努力方程得

$$h_{R12} = (p_1 + h_{V1} + \rho_{m1}gZ_1) - (p_2 + h_{V2} + \rho_{m2}gZ_2)$$

因边界条件及 1,2 同标高,故

$$p_2 = p_{02} = p_{01}$$

故有

$$p_1 - p_2 = p_1 - p_{01} = h_1$$
$$\rho_{m1}gZ_1 - \rho_{m2}gZ_2 = H_N$$

故上式可写为

$$h_{R12} = h_1 + h_{V1} - h_{V2} + H_N$$

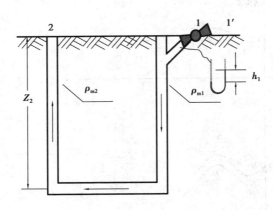

图 4.12　压入式矿井通风系统示意图

即

$$h_1 = h_{R12} + h_{V2} - h_{V1} - H_N$$

又

$$H_t = p_{t1} - p'_{t1} = p_{t1} - p_{01}$$
$$= p_1 + h_{V1} - p_{01} = h_1 + h_{V1}$$

同理可得

$$H_t + H_N = h_{R12} + h_{V2}$$

上式表明,扇风机风压和自然风压联合作用,克服矿井及矿井出口动能损失。

(3)通风机的个体特性及风机工况点

1)个体特性曲线

通风机的风量、风压、功率及效率这4个基本参数可反映出通风机的工作特性。每一台通风机,在额定转速的条件下,对应于一定的风量,就有一定的风压、功率和效率,风量如果变动,其他三者也随之改变。表示通风机的风压、功率和效率随风量变化而变化的关系曲线,称为通风机的个体特性曲线。这些个体特性曲线不能用理论计算方法来绘制,必须通过实测来绘制。

①轴流式通风机个体特性曲线特点(见图4.13)

A.轴流式风机的风压特性

曲线一般都有马鞍形驼峰存在。

B.驼峰点 D 以右的特性

曲线为单调下降区段,是稳定工作段。

C.点 D 以左是不稳定工作段

产生所谓喘振(或飞动)现象。

D.轴流式风机的叶片装置角

不太大时,在稳定工作段内,功率随 Q 增加而减小。风机开启方式:轴流式风机应在风阻最小(闸门全开)时启动,以减少启动负荷。

说明:轴流式风机给出的大多是静压特性曲线。

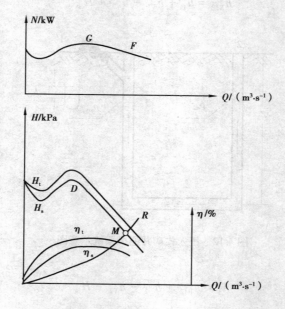

图4.13 轴流式通风及个体特性曲线

②离心式通风机个体特性曲线特点(见图4.14)

a.离心式风机风压曲线驼峰不明显,且随叶片后倾角度增大逐渐减小,其风压曲线工作段较轴流式风机平缓。

b.当管网风阻作相同量的变化时,其风量变化比轴流式风机要大。

c.离心式风机的轴功率 N。

随 Q 增加而增大,只有在接近风流短路时功率才略有下降。

风机开启方式:离心式风机在启动时应将风硐中的闸门全闭,待其达到正常转速后再将闸门逐渐打开。

说明:

①离心式风机大多是全压特性曲线。

②当供风量超过需风量过大时,常常利用闸门加阻来减少工作风量,以节省电能。

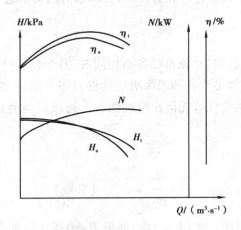

图 4.14　离心式通风及个体特性曲线

2)通风机的工况点

当以同样的比例把矿井总风阻曲线绘制于通风机个体特性曲线图中时,则风阻曲线与风压曲线交于一点(如 M),此点就是通风机的工况点。所谓工况点,即是风机在某一特定转速和工作风阻条件下的工作参数,如 Q,H,p,η 等,一般是指 H 和 Q 两参数。

(4)比例定律和类型特性曲线

1)比例定律

同类型(或同系列)通风机是指通风机的几何尺寸、运动和动力相似的一组通风机。两个通风机相似是气体在通风机内流动过程相似,或者说它们之间在任一对应点的同名物理量之比保持常数。同一系列风机在相似工况点的流动是彼此相似的。对同类型的通风机,当转数 n 、叶轮直径 D 和空气密度 ρ 发生变化时,通风机的性能也发生变化。这种变化可应用通风机的比例定律说明其性能变化规律。根据通风机的相似条件,可求出通风机的比例定律为

$$\frac{H_{通1}}{H_{通2}} = \frac{\rho_1}{\rho_2}\left(\frac{n_1}{n_2}\right)^2\left(\frac{D_1}{D_2}\right)^2 \tag{4.10}$$

$$\frac{Q_{通1}}{Q_{通2}} = \frac{n_1}{n_2}\left(\frac{D_1}{D_2}\right)^3 \tag{4.11}$$

$$\frac{P_1}{P_2} = \frac{\rho_1}{\rho_2}\left(\frac{n_1}{n_2}\right)^3\left(\frac{D_1}{D_2}\right)^5 \tag{4.12}$$

$$\eta_1 = \eta_2 \tag{4.13}$$

上述公式说明,通风机的风压与空气密度的一次方、转数的二次方、叶轮直径的二次方成

正比,通风机的风量与转数的一次方、叶轮直径的三次方成正比;通风机的功率与空气密度的一次方、转数的三次方、叶轮直径的五次方成正比,通风机对应工作点的效率相等。

通风机的比例定律,在实际工作中有着重要的用途。应用比例定律,可根据一台通风机的个体特性曲线,推算和绘制转数、叶轮直径或空气密度不相同的另一台同类型通风机的个体特性曲线。通风机制造厂就是根据通风机相似模型试验的个体特性曲线,应用比例定律,推算、绘制空气密度为 1.2 kg/m³ 时,各种叶轮直径、各种转数的同类型通风机的个体特性曲线,供用户选择通风机使用。

2)类型特性曲线

在同类型通风机中,当转数、叶轮直径各不相同时,其个体特性曲线会有很多组。为了简化和有利于比较,可将同一类型中各种通风机的特性只用一组特性曲线来表示。这一组特性曲线称为通风机的类型特性曲线或无因次特性曲线。通风机类型特性曲线的有关参数,可由比例定律得出。

①压力系数 $\overline{H}$

$$\overline{H} = \frac{H_{通}}{\rho u^2} = c \qquad （常数） \tag{4.14}$$

式中,$\overline{H}$ 称为压力系数,无因次。式(4.14)中,如果 $H_{通}$ 为通风机的全压,则压力系数称为全压系数;如果 $H_{通}$ 为通风机的静压,则压力系数称为静压系数。式(4.28)表明,同类型通风机在相似工况点,其压力系数 $\overline{H}$ 为常数。

②流量系数 $\overline{Q}$

$$\overline{Q} = \frac{Q_{通}}{\frac{\pi}{4}D^2 u} = c \qquad （常数） \tag{4.15}$$

式中,$\overline{Q}$ 称为流量系数,无因次。式(4.15)表明,同类型通风机在相似工况点,其流量系数 $\overline{Q}$ 为常数。

③功率系数 $\overline{P}$

$$\overline{P} = \frac{1\ 000N}{\frac{\pi}{4}\rho D^2 u^3} = \frac{\overline{H}\,\overline{Q}}{\eta} = c \qquad （常数） \tag{4.16}$$

式中,$\overline{P}$ 称为功率系数,无因次。式(4.16)表明,同类型通风机在相似工况点,其效率相等,功率系数 $\overline{P}$ 为常数。

因为 $u = \dfrac{\pi D n}{60}$,所以通风机的风压 $H_{通}$、风量 $Q_{通}$、功率 N 与相应的无因次系数的关系式为

$$H_{通} = 0.002\ 74\rho D^2 n^2 \overline{H} \tag{4.17}$$

$$Q_{通} = 0.041\ 08 D^3 n \overline{Q} \tag{4.18}$$

84

$$P = 1.127 \times 10^{-7} \rho D^5 n^3 \overline{p} \tag{4.19}$$

同类型通风机的 $\overline{H}, \overline{Q}, \overline{P}$ 和 η 可用通风机的相似模型试验来获得,即将通风机模型与试验管道相连接运转,并利用试验管道依次调节通风机的工况点,然后测算与各工况点相对应的 $H_通, Q_通, P$ 和 η 值,利用上式计算出各工况点相应的 $\overline{H}, \overline{Q}, \overline{P}$ 和 η 值。然后以 $\overline{Q}$ 为横坐标,以 $\overline{H}, \overline{N}$ 和 η 为纵坐标绘出 $\overline{H}\text{-}\overline{Q}$、$\overline{P}\text{-}\overline{Q}$ 和 $\eta\text{-}\overline{Q}$ 曲线,即为该类型通风机的类型特性曲线。如图 4.15 所示为 4-72-11 型离心式通风机类型特性曲线。

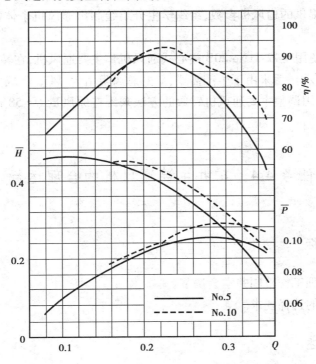

图 4.15　4-72-11 型离心式通风机类型特性曲线

对于不同类型的通风机,可用类型特性曲线比较其性能,可根据类型特性曲线和通风机的直径、转数推算得到个体特性曲线,由个体特性曲线也可推算得到类型特性曲线。需要指出的是,对同一系列通风机,当几何尺寸 D 相差较大时,在加工和制造过程中很难保证流道表面相对粗糙度、叶片厚度及机壳间隙等参数完全相似,为了避免因尺寸相差较大而产生误差,有些风机类型特性曲线有多条,可根据不同尺寸选用。

任务实施

（1）任务准备

离心式通风机工作参数,轴流式通风机工作参数。

（2）重点梳理

①通风机工作的 4 个参数。

②通风机个体工作特性曲线及工况点。

③通风机比例定律的应用。

（3）任务应用

应用 4.4 根据提供的通风机参数，组织学生分组绘制出通风机个体特性曲线，并指出该风机工况点。

应用 4.5 某矿使用 4-72-11No.20B 离心式通风机作主要通风机，在转数 $n=630$ r/min 时，矿井的风量 $Q=58$ m³/s。后来由于生产需要，矿井总风阻增大，风量 Q 减少为 51.5 m³/s，不能满足生产要求。拟采用调整主要通风机转数的方法来维持原风量 $Q=58$ m³/s，试求转数应调整为多少？

任务 4.4 矿井主要通风机的合理运行

任务目标

1.掌握通风机合理工作范围并学会调节。

2.掌握主通风机的选择要求。

任务描述

主风机合理运行是在保证风量够用的条件下，使风机工作（况）点的效率最高，电动机功率最低，因而电耗最小，设备费最低。因此为保证风机合理运行，要因矿而异，选择合理的主通风机，并且要对主通风机性能进行定期测定。

知识准备

（1）风机合理工作范围及调节

为了使通风机安全、经济地运转，它在整个服务期内的工况点必须在合理的范围之内。试验证明，如果轴流式通风机的工作点位于风压曲线"驼峰"的左侧时，通风机的运转就可能产生不稳定状况，即工作点发生跳动，风量忽大忽小，声音极不正常，为了防止矿井风阻偶尔增加等原因，使工况点进入不稳定区。因此，限定通风机的实际工作风压不应大于最高风压的 0.9 倍。为了经济，主通风机的运转效率不应低于 0.6。由此所确定的工作段就是通风机合理的工作范围。常用的风机工况点的调节方法如下：

1）增加风量

减少风机工作阻力；堵外部漏风（若外部漏风大）；轴流风机增大叶片角度；离心式风机增大转速（轴流式风机也可改变电机转速）。

2）减少风量

增加风机风阻；降低转速（离心式风机常用）；降低叶片的安装角度。

（2）**主通风机的选择要求**

①有同等能力的两套风机，满足本水平需要，且服务期内在合理范围内工作。

②当阻力变化大（当采用中央分列式系统时），初期可选较小电机，但较小电机工作时间不小于5年。

③留有一定余地。

④主风机不用集中联合工作和分开串联；也不宜用闸门调节风量。

⑤具有反风设施。

⑥双回路供电。

 任务实施

（1）**任务准备**

离心式通风机（轴流式通风机），离心式通风机工作参数（轴流式通风机工作参数），模拟矿井。

（2）**重点梳理**

①通风机合理工作及如何调节。

②主通风机的选择要求。

（3）**任务应用**

应用4.6 根据实训所提供通风机，设定模拟矿井的生产规模，根据模拟矿井现有的巷道状况，让学生选择合理风机，并详细描述风机合理的工作参数。

任务4.5 通风机联合运转

 任务目标

1.掌握通风机联合运转方法。

2.熟悉通风机的联合运转的特性变化。

3.熟悉通风机联合运转的比较与选择。

任务描述

在煤矿生产和建设时期,通风系统的阻力是经常变化的。当管网的阻力变大到使一台风机不能保证按需供风时,就有必要利用两台或两台以上风机进行联合工作,以达到增加风量的目的。两台或两台以上风机同在一个管网上工作称为通风机联合工作。两台风机联合工作与一台风机单独工作有所不同。如果不能掌握风机联合工作的特点和技术,将会事与愿违,后果不良,甚至可能损坏风机。因此,分析通风机联合运转的特点、效果、稳定性和合理性是十分必要的。

知识准备

风机联合工作可分为串联和并联两大类。下面就两种联合工作的特点进行分析。

(1)风机串联工作

一台风机的进风口直接或通过一段巷道(或管道)联结到另一台风机的出风口上同时运转,称为风机串联工作。

风机串联工作的特点是:通过管网的总风量等于每台风机的风量(没有漏风)。两台风机的工作风压之和等于所克服管网的阻力见图4.16,即

$$h = H_1 + H_2$$
$$Q = Q_1 = Q_2$$

式中　h——管网的总阻力;

H_1,H_2——1,2 两台风机的工作静压;

Q——管网的总风量;

Q_1,Q_2——1,2 两台风机的风量。

图 4.16　风机串联工作示意图

1)风压特性曲线不同风机串联工作分析

串联风机的等效特性曲线。如图 4.17 所示,两台不同型号风机 F_1 和 F_2 的特性曲线分别为Ⅰ、Ⅱ。两台风机串联的等效合成曲线Ⅰ+Ⅱ按风量相等风压相加原理求得,即在两台风机的风量范围内,作若干条风量坐标的垂线(等风量线),在等风量线上将两台风机的风压相加,得该风量下串联等效风机的风压(点),将各等效风机的风压点联起来,即可得到风机串联工作时等效合成特性曲线Ⅰ+Ⅱ。

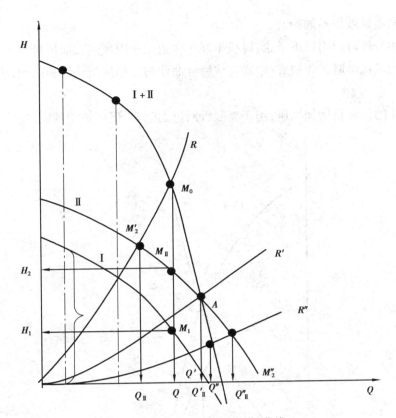

图 4.17　串联风机的等效特性曲线

风机的实际工况点。在风阻为 R 的管网上风机串联工作时,各风机的实际工况点按下述方法求得:在等效风机特性曲线 Ⅰ+Ⅱ 上作管网风阻特性曲线 R,两者交点为 M_0,过 M_0 作横坐标垂线,分别与曲线 Ⅰ 和 Ⅱ 相交于 M_I 和 $M_Ⅱ$,此两点即是两风机的实际工况点。

为了衡量串联工作的效果,可用等效风机产生的风量 Q 与能力较大风机单独工作产生风量 $Q_Ⅱ$ 之差表示。当工况点位于合成特性曲线与能力较大风机性能曲线 Ⅱ 交点 A(通常称为临界工况点)的左上方(如 M_0)时,$\Delta Q = Q - Q_Ⅱ > 0$,则表示串联有效;当工况点 M' 与 A 点重合(即管网风阻 R' 通过 A 点)时,$\Delta Q = Q' - Q'_Ⅱ = 0$,则串联无增风;当工况点 M'' 位于 A 点右下方(即管网风阻为 R'' 时),$\Delta Q = Q'' - Q''_Ⅱ < 0$,则串联不但不能增风,反而有害,即小风机成为大风机的阻力。这种情况下串联显然是不合理的。

通过 A 点的风阻为临界风阻,其值大小取决于两风机的特性曲线。欲将两台风压曲线不同的风机串联工作时,事先应将两风机所决定的临界风阻 R' 与管网风阻 R 进行比较,当 $R' < R$ 方可应用。还应该指出的是,对于某一形状的合成特性曲线,串联增风量取决于管网风阻。

2)风压特性曲线相同风机串联工作

如图 4.18 所示的两台特性曲线相同(性能曲线 Ⅰ 和 Ⅱ 重合)的风机串联工作。由图 4.18 可知,临界点 A 位于 Q 轴上。这就意味着在整个合成曲线范围内串联工作都是有效的,不过工作风阻不同增风效果不同而已。

根据上述分析可得出以下结论:风机串联工作适用于因风阻大而风量不足的管网;风压特性曲线相同的风机串联工作较好;串联合成特性曲线与工作风阻曲线相匹配,才会有较好的增风效果。

串联工作的任务是增加风压,用于克服管网过大阻力,保证按需供风。

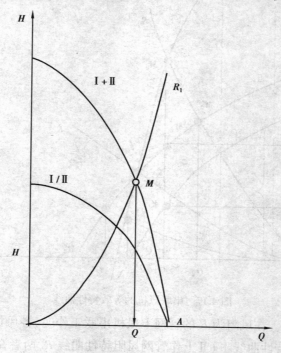

图 4.18　风压特性曲线相同风机串联

3)风机与自然风压串联工作

①自然风压特性

自然风压特性是指自然风压与风量之间的关系。在机械通风矿井中,冬季自然风压随风量增大略有增大;夏季,若自然风压为负时,其绝对值也将随风量增大而增大。风机停止工作时自然风压依然存在。故一般用平等 Q 轴的直线表示自然风压的特性。

②自然风压对风机工况点影响

在机械通风矿井中自然风压对机械风压的影响,类似于两台风机串联工作。如图 4.19 所示,矿井风阻曲线为 R,风机特性曲线为 Ⅰ,自然风压特性曲线为 Ⅱ,按风量相等风压相加原则,可得到正负自然风压与风机风压的合成特性曲线 Ⅰ + Ⅱ 和 Ⅰ + Ⅱ′。风阻 R 与其交点分别为 M_1 和 M_2'',据此可得通风机的实际工况点为 M 和 M'。由此可知,当自然风压为正时,机械风压与自然风压共同作用克服矿井通风阻力,使风量增加;当自然风压为负时,成为矿井通风阻力。

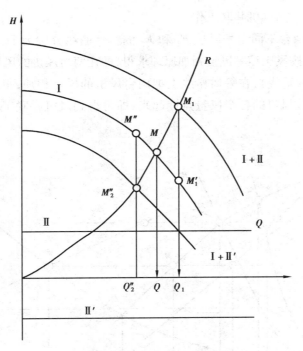

图 4.19　风机与自然风压串联

(2)通风机并联工作

如图 4.20 所示,两台风机的进风口直接或通过一段巷道连接在一起工作称为通风机并联。风机并联有集中并联和对角并联之分。图 4.20(a)为集中并联,图 4.20(b)为对角并联。

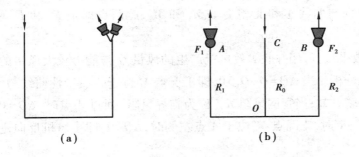

（a）　　　　　　　　　（b）

图 4.20　通风机并联工作

1)集中并联

理论上,两台风机的进风口(或出风口)可视为连接在同一点。因此,两风机的装置静压相等,等于管网阻力;两风机的风量流过同一条巷道,故通过巷道的风量等于两台风机风量之和,即

$$h = H_1 = H_2$$
$$Q = Q_1 + Q_2$$

式中符号同前。

①风压特性曲线不同风机并联工作

如图 4.21 所示，两台不同型号风机 F_1 和 F_2 的特性曲线分别为 I，II。两台风机并联后的等效合成曲线 III 可按风压相等风量相加原理求得，即在两台风机的风压范围内，作若干条等风压线(压力坐标轴的垂线)，在等风压线上把两台风机的风量相加，得该风压下并联等效风机的风量(点)，将等效风机的各个风量点连起来，即可得到风机并联工作时等效合成特性曲线 III。

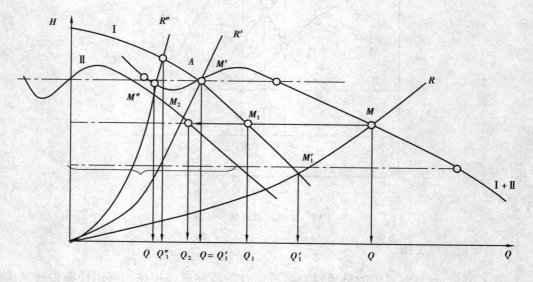

图 4.21　风机并联工作

风机并联后在风阻为 R 的管网上工作，R 与等效风机的特性曲线 I+II 的交点 M，过 M 作纵坐标轴垂线，分别与曲线 I 和 II 相交于 M_1 和 M_2，此两点即是 F_1 和 F_2 两风机的实际工况点。

并联工作的效果，也可用并联等效风机产生的风量 Q 与能力较大风机的 F_1 单独工作产生风量 Q_1 之差来分析。当 $\Delta Q = Q-Q_1 > 0$，即工况点 M 位于合成特性曲线与大风机曲线的交点 A 右侧时，则并联有效；当管网风阻 R'(称为临界风阻)通过 A 点时，$\Delta Q = 0$，则并联增风无效；当管网风阻 $R'' > R'$ 时，工况点 M'' 位于 A 点左侧时，$\Delta Q < 0$，即小风机反向进风，则并联不但不能增风，反而有害。

此外，由于轴流式通风机的特性曲线存在马鞍形区段，因而合成特性曲线在小风量时比较复杂，当管网风阻 R 较大时，风机可能出现不稳定工作。

②风压特性曲线相同风机并联工作

如图 4.22 所示的两台特性曲线 I / II 相同的风机 F_1 和 F_2 并联工作。I+II 为其合成特性曲线，R 为管网风阻。M 和 M' 为并联的工况点和单独工作的工况点。由 M 作等风压线与曲线 I / II 相交于 M_1，此即风机的实际工况点。由图 4.22 可知，总有 $\Delta Q = Q-Q_1 > 0$，且 R 越小，ΔQ 越大。

应该指出,两台特性相同风机并联作业,同样存在不稳定运转情况。

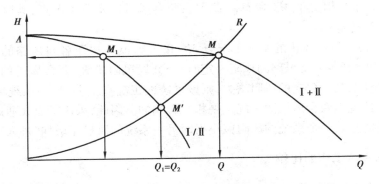

图 4.22　风压特性曲线相同风机并联

2)对角并联工况分析

在如图 4.23 所示的对角并联通风系统中,两台不同型号风机 F_1 和 F_2 的特性曲线分别为 Ⅰ、Ⅱ,各自单独工作的管网分别为 OA(风阻为 R_1)和 OB(风阻为 R_2),公共风路 OC(风阻为 R_0),如图 4.24 所示。为了分析对角并联系统的工况点,先将两台风机移至 O点。其方法是,按等风量条件下把风机 F_1 的风压与风路 OA 的阻力相减的原则,求风机 F_1 为风路 OA 服务后的剩余特性曲线 Ⅰ′,即作若干条等风量线,在等风量线上将风机 F_1 的风压减去风路 OA 的阻力,得风机 F_1 服务风路 OA 后的剩余风压点,将各剩余风压点连起来即得剩余特性曲线 Ⅰ′。按相同方法,在等风量条件下,把风机 F_2 的风压与风路 OB 的阻力相减得到风机 F_2 为风路 OB 服务后的剩余特性曲线 Ⅱ′。这样就变成了等效风机 F_1' 和 F_2' 集中并联于 O 点,为公共风路 OC 服务。

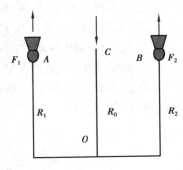

图 4.23　对角并联通风系统示意图

按风压相等风量相加原理求得等效风机 F_1' 和 F_2' 集中并联的特性曲线 Ⅰ′+Ⅱ′,它与风路 OC 的风阻 R_0 曲线交点 M_0,由此可得 OC 风路的风量 Q_0。

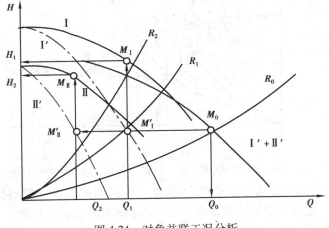

图 4.24　对角并联工况分析

过 M_0 作 Q 轴平行线与特性曲线 I′和 II′分别相交于 M'_I 和 M'_{II} 点。再过 M'_I 和 M'_{II} 点作 Q 轴垂线与曲线 I 和 II 相交于 M_I 和 M_{II}，此即在两台风机的实际工况点，其风量分别为 Q_1 和 Q_2。显然 $Q_0 = Q_1 + Q_2$。

由图 4.24 可知，每台风机的实际工况点 M_I 和 M_{II}，既取决于各自风路的风阻，又取决于公共风路的风阻。当各分支风路的风阻一定时，公共段风阻增大，两台风机的工况点上移；当公共段风阻一定时，某一分支的风阻增大，则该系统的工况点上移，另一系统风机的工况点下移；反之亦然。这说明两台风机的工况点是相互影响的。因此，采用轴流式通风机作并联通风的矿井，要注意防止因一个系统的风阻减小引起另一系统的风机压增加，进入不稳定区工作。

（3）并联与串联工作的比较

图 4.25 中的两台型号相同离心式通风机的风压特性曲线为 I，两者串联和并联工作的特性曲线分别为 II 和 III，N-Q 为其功率特性曲线，R_1、R_2 和 R_3 为大小不同的 3 条管网风阻特性曲线。当风阻为 R_2 时，正好通过 II，III 两曲线的交点 B。若并联则风机的实际工况点为 M_1，而串联则实际工况点为 M_2。显然在这种情况下，串联和并联工作增风效果相同。但从消耗能量（功率）的角度来看，并联的功率为 N_p，而串联的功率为 N_s，显然 $N_s > N_p$，故采用并联是合理的。当风机的工作风阻为 R_1，并联运行时工况点 A 的风量比串联运行工况点 F 时大，而每台风机实际功率反而小，故采用并联较合理。当风机的工作风阻为 R_3，并联运行时工况点 E，串联运行工况点为 C，则串联比并联增风效果好。对于轴流式通风机，则可根据其压力和功率特性曲线进行作类似分析。

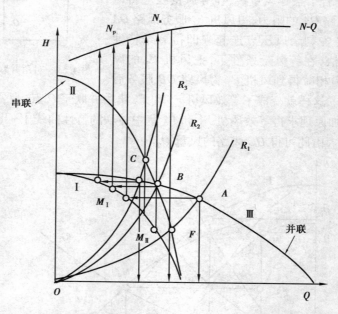

图 4.25　两台型号相同离心式通风机串联和并联工作的特性曲线

应该指出的是，选择联合运行方案时，不仅要考虑管网风阻对工况点影响，还要考虑运转效率和轴功率大小。在保证增风或按需供风后，应选择能耗较小的方案。

综上所述，可得以下结论：

①并联适用于管网风阻较小,但因风机能力小导致风量不足的情况。

②风压相同的风机并联运行较好。

③轴流式通风机并联作业时,若风阻过大则可能出现不稳定运行。因此,使用轴流式通风机并联工作时,除要考虑并联效果外,还要进行稳定性分析。

 任务实施

(1)任务准备

离心式通风机(轴流式通风机),离心式通风机工作参数(轴流式通风机工作参数),模拟矿井。

(2)重点梳理

①通风机串并联联合运转的特性。

②通风机的并联与串联工作的比较。

(3)任务应用

应用 4.7　根据实训所提供通风机,设定模拟矿井的生产规模。根据模拟矿井现有的巷道状况,假定生产规模和巷道长度均增大 1 倍的情况下,让学生选择通风机并(串)联合理工作,绘制出特性曲线,并分析其变化。

项目 5
矿井通风网络中风量分配与调节

项目说明

矿井空气在井巷中流动时,风流分岔、汇合线路的结构形式,称为通风网络。用直观的网络图形来表示通风网络就得到通风网络图。通风网络中,各风路的风量是按各自风阻的大小自然分配的,改变各风路的风阻,则会调整通风网络中的风量分配。本项目将介绍矿井通风网络图的绘制、通风网络的基本形式与特性、风量分配的基本定律、复杂通风网络解算的方法及计算机解算通风网络软件与应用。

任务 5.1   矿井通风网络图绘制

任务目标

1.熟悉矿井通风网络的概念。
2.掌握通风网络中分支、节点、树、回路的概念,掌握矿井通风网络图绘制的方法和步骤。

任务描述

矿井通风网络系统图是矿井安全生产必备的图件。它是根据矿井开拓、采区巷道布置及矿井通风系统绘制而成的。矿井通风系统图包括矿井通风系统风流路线与方向,通风设施和安装的位置。本任务重点讲述矿井通风网络图的绘制原理和方法。

知识准备

（1）通风网络的基本术语和概念

在通风网络中,常用到以下术语:

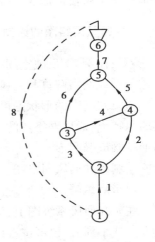

1)分支

分支是指表示一段通风井巷的有向线段。线段的方向代表井巷风流的方向。每条分支可有一个编号,称为分支号。如图5.1 所示,每一条线段就代表一条分支。用井巷的通风参数如风阻、风量和风压等,可对分支赋权。不表示实际井巷的分支,如图 5.1 所示的连接进、回风井口的地面大气分支 8,可用虚线表示。

2)节点

节点是指两条或两条以上分支的交点。每个节点有唯一的编号,称为节点号。在网络图中,用圆圈加节点号表示节点,如图 5.1 所示的①—⑥均为节点。

3)回路

由两条或两条以上分支首尾相连形成的闭合线路,称为回路。单一个回路(其中没有分支),该回路又称网孔。如图 5.1 所示,1-2-5-7-8,2-5-7-3 和 4-5-6 等都是回路。其中,4-5-6 是网孔,而 2-5-7-3 不是网孔,因为其回路中有分支 4。

图 5.1　通风网络图

4)树

由包含通风网络图的全部节点且任意两节点间至少有一条通路和不形成回路的部分分支构成的一类特殊图,称为树;由网络图余下的分支构成的图,称为余树。如图 5.2 所示,各图中的实线图和虚线图就分别表示图 5.1 的树和余树。可见,由同一个网络图生成的树各不相同。组成树的分支称为树枝,组成余树的分支称为余树枝。一个节点数为 m,分支数为 n 的通风网络的余树枝数为 $n-m+1$。

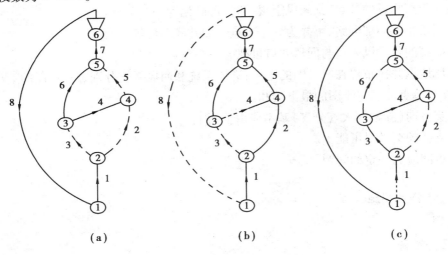

图 5.2　树和余树

5)独立回路

由通风网络图的一棵树及其余树中的一条余树枝形成的回路,称为独立回路。如图 5.2 所示的树与余树枝 5,2,3 可组成的 3 个独立回路分别是:5-7-4,2-4-7-7-8-1 和 3-7-7-8-1。由

$n-m+1$条余树枝可形成 $n-m+1$ 个独立回路。

(2)通风网络图的绘制

不按比例、不反映空间关系的矿井通风网络图,能清楚地反映风流的方向和分合关系,便于进行通风网络解算和通风系统分析,是矿井通风管理的重要图件之一。

通风网络图的形状是可以改变的。为了更清晰地表达通风系统中各井巷间的联接关系及其通风特点,通风网络图的节点可以移位,分支可以曲直伸缩。通常,习惯上把通风网络图总的形状画成椭圆形。

绘制矿井通风网络图,一般可按以下步骤进行:

1)节点编号

在矿井通风系统图上,沿风流方向将井巷风流的分合点加以编号。编号顺序通常是沿风流方向从小到大,也可按系统、按翼分开编号。节点编号不能重复且要保持连续性。

2)分支连线

将有风流连通的节点用单线条(直线或弧线)连接。

3)图形整理

通风网络图的形状不是唯一的。在正确反映风流分合关系的前提下,把图形画得简明、清晰、美观。

4)标注

除标出各分支的风向、风量外,还应将进回风井、用风地点、主要漏风地点及主要通风设施等加以标注,并以图例说明。

绘制通风网络图的一般原则如下:

①某些距离相近的节点,其间风阻很小时,可简化为一个节点。

②风压较小的局部网络,可并为一个节点。如井底车场等。

③同标高的各进风井口与回风井口可视为一个节点。

④用风地点并排布置在网络图的中部;进风系统和回风系统分别布置在图的下部和上部;进、回风井口节点分别位于图的最下端和最上端。

⑤分支方向(除地面大气分支)基本应由下而上。

⑥分支间的交叉尽可能少。

⑦节点间应有一定的间距。

 任务实施

(1)任务准备

课件,教案,多媒体设备。

(2)重点梳理

①节点、分支、回路、树、风路、生成树、余树、网孔等概念的定义。

②通风网络图绘制的一般步骤。

③通风网络图绘制的一般原则。

（3）任务应用

应用 5.1　如图 5.3（a）、（b）所示为某矿通风系统。试绘制其通风网络图。

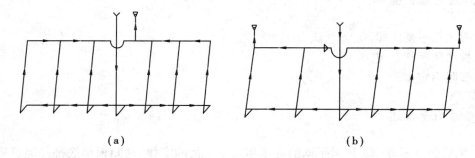

（a）　　　　　　　　　　　　　　（b）

图 5.3　某矿通风系统示意图

应用 5.2　如图 5.4 所示为某矿通风系统示意图。试绘出该矿的通风网络图。

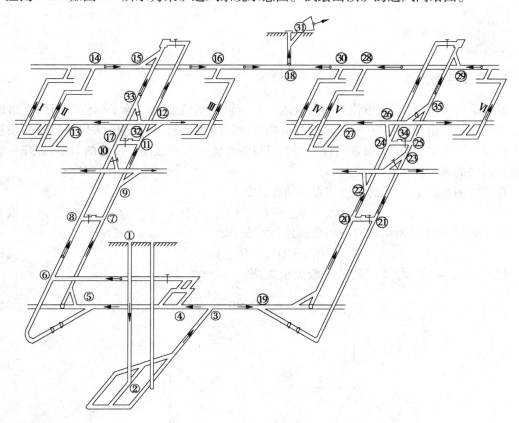

图 5.4　矿井通风系统示意图

任务 5.2   通风网络的基本规律

任务目标

1.掌握风量平衡定律。
2.掌握风压平衡定律。
3.掌握阻力定律。

任务描述

矿井风量的分配遵循着风量平衡的定律和风压平衡的定律,这归根结底都是能量守恒定律的体现。本任务重点讲述风量平衡定律、风压平衡的定律以及阻力定律,以便学者对矿井通风理论知识有更深层次的理解。

知识准备

(1)风量平衡定律

根据质量守恒定律,在单位时间内流入一个节点的空气质量。等于单位时间内流出该节点的空气质量。由于矿井空气不压缩,故可用空气的体积流量(即风量)来代替空气的质量流量。在通风网络中,流进节点或闭合回路的风量等于流出节点或闭合回路的风量,即任一节点或闭合回路的风量代数和为零。

对于如图 5.5(a)所示的流进节点的情况,则

$$Q_{1\text{-}4} + Q_{2\text{-}4} + Q_{3\text{-}4} + Q_{4\text{-}5} + Q_{4\text{-}6} \tag{5.1}$$

对于如图 5.5(b)所示的流进闭合回路的情况,则

$$Q_{1\text{-}2} + Q_{3\text{-}4} = Q_{5\text{-}6} + Q_{7\text{-}8} \tag{5.2}$$

把关系式(4.1)、式(4.2)写成一般关系式,则

$$\sum_{i=1}^{n} Q_i = 0 \tag{5.3}$$

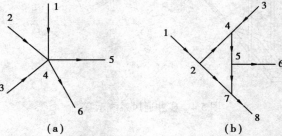

图 5.5   风量平衡计算示意图

式(5.3)表明,流入节点、回路或网孔的风量与流出节点、回路或网孔的风量的代数和等于零。一般取流入的风量为正,流出的风量为负。

(2)风压平衡定律

任一回路或网孔中的风流遵守能量守恒定律,回路或网孔中不同方向的风流,它们的风压或阻力必须平衡或相等,对图5.5(b)则有

$$h_{2\text{-}4} + h_{4\text{-}5} + h_{5\text{-}7} = h_{2\text{-}7} \tag{5.4}$$

写成一般的数学式为

$$\sum_{i=1}^{n} h_i = 0 \tag{5.5}$$

式(5.5)表明,回路或网孔中,不同方向的风流,它们的风压或阻力的代数和等于零。一般取顺时针方向风流的风压为正,逆时针方向风流的风压为负。

(3)阻力定律

风流在通风网络中流动,绝大多数属于完全紊流状态。其阻力定律遵守平方关系,即

$$h_i = R_i Q_i^2 \tag{5.6}$$

式中　h_i——风网中某条风路的风压或阻力,Pa;

　　　R_i——该条风路的风阻,Ns^2/m^8;

　　　Q_i——该条风路的风量,m^3/s。

 任务实施

(1)任务准备

课件,教案,多媒体教室。

(2)重点梳理

①风流平衡定律的本质,写出其数学表达式。
②风压平衡定律的本质,写出其数学表达式。
③阻力平衡定律的本质,写出其数学表达式。

(3)任务应用

应用5.3　如图5.6所示为简单并联网络。已知 $R_1 = 0.81\ \text{kg/m}^7$, $R_2 = 0.36\ \text{kg/m}^7$,总风量 $Q = 50\ \text{m}^3/\text{s}$。试求自然分配时的 Q_1,Q_2, h_1,h_2。

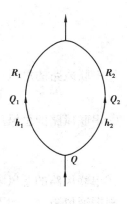

图5.6　简单并联网络

任务 5.3　简单网络特性

任务目标

1.掌握串联通风及其特性。
2.掌握并联通风及其特性。
3.熟悉串联、并联通风的优缺点。
4.熟悉角联通风及其特性。

任务描述

通风网络可分为简单通风网络和复杂通风网络两种。仅由串联和并联组成的网络,称为简单通风网络。含有角联分支,通常是包含多条角联分支的网络,称为复杂通风网络。通风网络中各分支的基本联接形式有串联、并联和角联 3 种,不同的联接形式具有不同的通风特性和安全效果。

知识准备

(1)串联通风及其特性

两条或两条以上风路彼此首尾相连在一起,中间没有风流分合点时的通风,称为串联通风,如图 5.7 所示。串联通风也称"一条龙"通风,其特性如下:

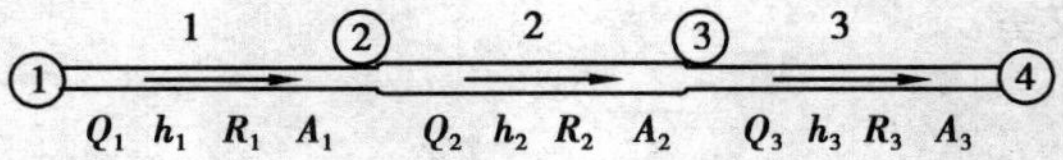

图 5.7　串联风路

①串联风路的总风量(m^3/s)等于各段风路的分风量,即

$$Q_{串} = Q_1 = Q_2 = \cdots = Q_n \tag{5.7}$$

②串联风路的总风压(Pa)等于各段风路的分风压之和,即

$$h_{串} = h_1 + h_2 + \cdots + h_n = \sum_{i=1}^{n} h_i \tag{5.8}$$

③串联风路的总风阻等于各段风路的分风阻之和。

根据通风阻力定律 $h = RQ^2$,式(5.8)可写为

$$R_{串}\, Q_{串}^2 = R_1 Q_1^2 + R_2 Q_2^2 + \cdots + R_n Q_n^2$$

因为

$$Q_{串} = Q_1 = Q_2 = \cdots = Q_n$$

所以

$$R_{串} = R_1 + R_2 + \cdots + R_n = \sum_{i=1}^{n} R_i \tag{5.9}$$

④串联风路的总等积孔平方的倒数等于各段风路等积孔平方的倒数之和。

由 $A = \dfrac{1.19}{\sqrt{R}}$，得 $R = \dfrac{1.19^2}{A^2}$，将其代入式（5.9），并整理得

$$\frac{1}{A_{串}^2} = \frac{1}{A_1^2} + \frac{1}{A_2^2} + \cdots + \frac{1}{A_n^2}$$

或

$$A_{串} = \cfrac{1}{\sqrt{\cfrac{1}{A_1^2} + \cfrac{1}{A_2^2} + \cdots + \cfrac{1}{A_n^2}}} \tag{5.10}$$

（2）并联通风及其特性

两条或两条以上的分支在某一节点分开后，又在另一节点汇合，其间无交叉分支时的通风，称为并联通风，如图 5.8 所示。并联网络的特性如下：

①并联网络的总风量（m³/s）等于并联各分支风量之和，即

$$Q_{并} = Q_1 + Q_2 + \cdots + Q_n = \sum_{i=1}^{n} Q_i \tag{5.11}$$

②并联网络的总风压（Pa）等于任一并联分支的风压，即

$$h_{并} = h_1 = h_2 = \cdots = h_n \tag{5.12}$$

③并联网络的总风阻平方根的倒数等于并联各分支风阻平方根的倒数之和。

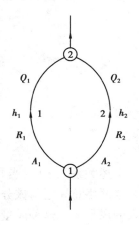

图 5.8　并联网络

由 $h = RQ^2$，得 $Q = \sqrt{\dfrac{h}{R}}$，将其代入式（5.11），得

$$\sqrt{\frac{h_{并}}{R_{并}}} = \sqrt{\frac{h_1}{R_1}} + \sqrt{\frac{h_2}{R_2}} + \cdots + \sqrt{\frac{h_n}{R_n}}$$

因为

$$h_{并} = h_1 = h_2 = \cdots = h_n$$

所以

$$\frac{1}{\sqrt{R_{并}}} = \frac{1}{\sqrt{R_1}} + \frac{1}{\sqrt{R_2}} + \cdots + \frac{1}{\sqrt{R_n}} \tag{5.13}$$

或

$$R_{并} = \cfrac{1}{\left(\cfrac{1}{\sqrt{R_1}} + \cfrac{1}{\sqrt{R_2}} + \cdots + \cfrac{1}{\sqrt{R_n}} \right)^2} \tag{5.14}$$

当 $R_1 = R_2 = \cdots = R_n$ 时,则

$$R_{并} = \frac{R_1}{n^2} = \frac{R_2}{n^2} = \cdots = \frac{R_n}{n^2} \tag{5.15}$$

④并联网络的总等积孔等于并联各分支等积孔之和。

由 $A = \dfrac{1.19}{\sqrt{R}}$,得 $\dfrac{1}{\sqrt{R}} = \dfrac{A}{1.19}$,将其代入式(5.13),得

$$A_{并} = A_1 + A_2 + \cdots + A_n \tag{5.16}$$

⑤并联网络的风量自然分配。

在并联网络中,其总风压等于各分支风压,即

$$h_{并} = h_1 = h_2 = \cdots = h_n \tag{5.17}$$

即

$$R_{并} Q_{并}^2 = R_1 Q_1^2 = R_2 Q_2^2 = \cdots = R_n Q_n^2$$

由上式可得出各关系式为

$$Q_1 = \sqrt{\frac{R_{并}}{R_1}} Q_{并} \tag{5.18}$$

$$Q_2 = \sqrt{\frac{R_{并}}{R_2}} Q_{并} \tag{5.19}$$

$$\vdots$$

$$Q_n = \sqrt{\frac{R_{并}}{R_n}} Q_{并} \tag{5.20}$$

上述关系式表明,当并联网络的总风量一定时,并联网络的某分支所分配得到的风量取决于并联网络总风阻与该分支风阻之比。风阻大的分支自然流入的风量小,风阻小的分支自然流入的风量大。这种风量按并联各分支风阻值的大小自然分配的性质,称为风量的自然分配。它是并联网络的一种特性。

根据并联网络中各分支的风阻,计算各分支自然分配的风量。可将式(5.14)依次代入前述关系式(5.18)、式(5.19)和式(5.20)中,整理后得各分支分配的风量计算公式为

$$Q_1 = \frac{Q_{并}}{1 + \sqrt{\dfrac{R_1}{R_2}} + \sqrt{\dfrac{R_1}{R_3}} + \cdots + \sqrt{\dfrac{R_1}{R_n}}} \tag{5.21}$$

$$Q_2 = \frac{Q_{并}}{\sqrt{\dfrac{R_2}{R_1}} + 1 + \sqrt{\dfrac{R_2}{R_3}} + \cdots + \sqrt{\dfrac{R_2}{R_n}}} \tag{5.22}$$

$$\vdots$$

$$Q_n = \frac{Q_{并}}{\sqrt{\dfrac{R_n}{R_1}} + \sqrt{\dfrac{R_n}{R_2}} + \cdots + \sqrt{\dfrac{R_n}{R_{n-1}}} + 1} \tag{5.23}$$

当 $R_1 = R_2 = \cdots = R_n$ 时,则

$$Q_1 = Q_2 = \cdots = Q_n = \frac{Q_{并}}{n} \tag{5.24}$$

计算并联网络各分支自然分配的风量,也可根据并联网络中各分支的等积孔进行计算。将 $\sqrt{R} = \dfrac{1.19}{A}$ 依次代入前述关系式(5.18)、式(5.19)和式(5.20)中,整理后可得各分支分配的风量计算公式为

$$Q_1 = \frac{A_1}{A_{并}} Q_{并} = \frac{A_1}{A_1 + A_2 + \cdots + A_n} Q_{并} \tag{5.25}$$

$$Q_2 = \frac{A_2}{A_{并}} Q_{并} = \frac{A_2}{A_1 + A_2 + \cdots + A_n} Q_{并} \tag{5.26}$$

$$\vdots$$

$$Q_n = \frac{A_n}{A_{并}} Q_{并} = \frac{A_n}{A_1 + A_2 + \cdots + A_n} Q_{并} \tag{5.27}$$

综合上述,在计算并联网络中各分支自然分配的风量时,可根据给定的条件,选择公式,以方便计算。

(3)串联与并联的比较

在矿井通风网络中,既有串联通风,又有并联通风。矿井的进、回风风路多为串联通风,而工作面与工作面之间多为并联通风。从安全、可靠和经济角度来看,并联通风与串联通风相比,具有明显优点:总风阻小,总等积孔大,通风容易,通风动力费用少。现举例分析:假设有两条风路 1 和 2,其风阻 $R_1 = R_2$,通过的风量 $Q_1 = Q_2$,故有风压 $h_1 = h_2$。现将它们分别组成串联风路和并联网络,如图 5.9 所示。各参数比较如下:

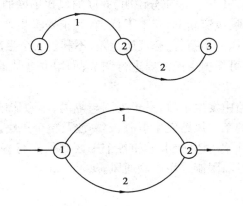

图 5.9　串联与并联通风比较

1)总风量比较

串联时

$$Q_{串} = Q_1 = Q_2 \tag{5.28}$$

并联时

$$Q_{并} = Q_1 + Q_2 = 2Q_1 \tag{5.29}$$

故

$$Q_并 = 2Q_串 \tag{5.30}$$

2）总风阻比较

串联时

$$R_串 = R_1 + R_2 = 2R_1 \tag{5.31}$$

并联时

$$R_并 = \frac{R_1}{n^2} = \frac{R_1}{4} \tag{5.32}$$

故

$$R_并 = \frac{1}{8}R_串 \tag{5.33}$$

3）总风压比较

串联时

$$h_串 = h_1 + h_2 = 2h_1 \tag{5.34}$$

并联时

$$h_并 = h_1 = h_2 \tag{5.35}$$

故

$$h_并 = \frac{1}{2}h_串 \tag{5.36}$$

通过上述比较可明显看出：

①在两条风路通风条件完全相同的情况下，并联网络的总风阻仅为串联风路总风阻的 1/8；并联网络的总风压为串联风路总风压的 1/2，也就是说并联通风比串联通风的通风动力要节省 1/2，而总风量却大了 1 倍。这充分说明，并联通风比串联通风经济得多。

②并联各分支独立通风，风流新鲜，互不干扰，有利于安全生产；而串联时，后面风路的入风是前面风路排出的污风，风流不新鲜，空气质量差，不利于安全生产。

③并联各分支的风量，可根据生产需要进行调节；而串联各风路的风量则不能进行调节，不能有效地利用风量。

④并联的某一分支风路中发生事故，易于控制与隔离，不致影响其他分支巷道，事故波及范围小，安全性好；而串联的某一风路发生事故，容易波及整个风路，安全性差。

因此，《规程》强调：井下各个生产水平和各个采区必须实行分区通风（并联通风）；各个采、掘工作面应实行独立通风，限制采用串联通风。

（4）角联通风及其特性

在并联的两条分支之间，还有一条或几条分支相通的连接形式，称为角联网络（通风），如图 5.10 所示。连接于并联两条分支之间的分支，称为角联分支。如图 5.10 所示的分支 5 为角联分支。仅有一条角联分支的网络，称为简单角联网络；含有两条或两条以上角联分支的网络，称为复杂角联网络，如图 5.11 所示。

角联网络的特性是：角联分支的风流方向是不稳定的。现以如图 5.10 所示的简单角联网络为例，分析其角联分支 5 中的风流方向变化可能出现的以下 3 种情况：

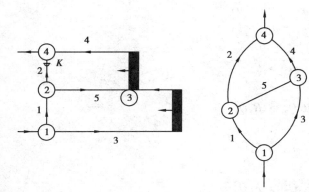

图 5.10 简单角联网络

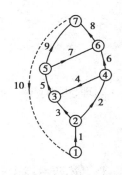

图 5.11 复杂角联网络

1）角联分支 5 中无风流

当分支 5 中无风时，②、③两节点的总压力相等，即

$$p_{总2} = p_{总3}$$

又①、②两节点的总压力差等于分支 1 的风压，即

$$p_{总1} - p_{总2} = h_1$$

①、③两节点的总压力差等于分支 3 的风压，即

$$p_{总1} - p_{总3} = h_3$$

故

$$h_1 = h_3$$

同理，可得

$$h_2 = h_4$$

则

$$\frac{h_1}{h_2} = \frac{h_3}{h_4}$$

即

$$\frac{R_1 Q_1^2}{R_2 Q_2^2} = \frac{R_3 Q_3^2}{R_4 Q_4^2}$$

又 $Q_5 = 0$，得

$$Q_1 = Q_2, Q_3 = Q_4$$

所以

$$\frac{R_1}{R_2} = \frac{R_3}{R_4} \tag{5.37}$$

式（5.37）即为角联分支 5 中无风的判别式。

2）角联分支 5 中风向由②→③

当分支 5 中风向由②→③时，②节点的总压力大于③节点的总压力，即

$$p_{总2} > p_{总3}$$

又知

$$p_{总1} - p_{总2} = h_1$$
$$p_{总1} - p_{总3} = h_3$$

则

$$h_3 > h_1$$

即

$$R_3 Q_3^2 > R_1 Q_1^2$$

同理,可得

$$h_2 > h_4$$

即

$$R_2 Q_2^2 > R_4 Q_4^2$$

将上述两不等式相乘,并整理得

$$\frac{R_1 R_4}{R_2 R_3} < \left(\frac{Q_2 Q_3}{Q_1 Q_4} \right)^2$$

又知

$$Q_1 > Q_2, Q_3 < Q_4$$

所以

$$\frac{R_1 R_4}{R_2 R_3} < 1$$

即

$$\frac{R_1}{R_2} < \frac{R_3}{R_4} \tag{5.38}$$

式(5.38)即为角联分支 5 中风向由②→③的判别式。

3)**角联分支 5 中风向由③→②**

同理,可推导出角联分支 5 中风向由③→②的判别式,即

$$\frac{R_1}{R_2} > \frac{R_3}{R_4} \tag{5.39}$$

由上述 3 个判别式可知,简单角联网络中角联分支的风向完全取决于两侧各邻近风路的风阻比,而与其本身的风阻无关。通过改变角联分支两侧各邻近风路的风阻,就可改变角联分支的风向。

可见,角联分支一方面具有容易调节风向的优点,另一方面又有出现风流不稳定的可能性。角联分支风流的不稳定不仅容易引发矿井灾害事故,而且可能使事故影响范围扩大。如图 5.10 所示,当风门 K 未关上使 R_2 减小,或分支巷道 4 中某处发生冒顶或堆积材料过多使 R_4 增大,这时因改变了巷道的风阻比,可能会使角联分支 5 中无风或风流③→②,从而导致两工作面完全串联通风或上工作面风量不足而使其瓦斯浓度增加造成瓦斯事故。此外,在发生火灾事故时,由于角联分支的风流反向易使火灾烟流蔓延而扩大灾害范围。因此,保持角联分支风流的稳定性是安全生产所必需的。

角联网络中,对角分支风流存在着不稳定现象,对简单角联网络来说,角联分支的风向可由上述判别式确定;而对于复杂角联网络,其角联分支的风向的判断,一般通过通风网络解算确定。在生产矿井,也可通过测定风量确定。

任务实施

（1）任务准备

课件,教案,多媒体设备。

（2）重点梳理

①串联通风的特性。
②并联通风的特性。
③串联、并联通风的特点比较。
④角联通风网络角联分支网络风向如何判断。
⑤写出角联分支的风向判别式,分析影响角联分支风向的因素。

（3）任务应用

应用5.4　如图5.12所示为简单角联网络。已知$R_1 = 0.25$ kg/m^7,$R_2 = 0.20$ kg/m^7,$R_3 = 0.50$ kg/m^7,$R_4 = 0.30$ kg/m^7。试判断对角巷道BC中的风流方向。

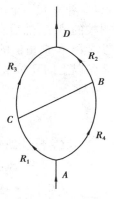

图 5.12　简单的角联网络

任务 5.4　复杂通风网络解算

 任务目标

1.了解回路法解算复杂通风网络的步骤。
2.了解斯考德-恒斯雷法解算复杂通风网络的原理。

 任务描述

复杂通风网络是由众多分支组成的包含串联、并联、角联在内结构复杂的网络。其各分支风量分配难以直接求解。通过运用风量分配的基本定律建立数学方程式,然后用不同的数学手段,可求解出网络内各分支自然分配的风量。这种以网络结构和分支风阻为条件求解网络内风量自然分配的过程,称为通风网络解算,也称自然分风计算。

目前,解算通风网络使用较广泛的是回路法,即首先根据风量平衡定律假定初始风量,由回路风压平衡定律推导出风量修正计算式,逐步对风量进行校正,直至风压逐渐平衡,风量接近真值。

知识准备

（1）解算通风网络的数学模型

斯考德-恒斯雷法是由英国学者斯考德和恒斯雷对美国学者哈蒂·克劳斯提出的用于水管网的迭代计算方法进行改进并用于通风网络解算的。

对节点为 m、分支为 n 的通风网络，可选定 $N=n-m+1$ 个余树枝和独立回路。以余树枝风量为变量，树枝风量可用余树枝风量来表示。根据风压平衡定律，每一个独立回路对应一个方程。这样，建立起一个由 N 个变量和 N 个方程组成的方程组，求解该方程组的根，即可求出 N 个余树枝的风量，然后求出树枝的风量。

斯考德-恒斯雷法的基本思路是：利用拟订的各分支初始风量，将方程组按泰勒级数展开，舍去 2 阶以上的高阶量，简化后得出回路风量修正值的一般数学表达式为

$$\Delta Q = -\frac{\sum R_i Q_i^2 \mp H_{通} \mp H_{自}}{2\sum |R_i Q_i|} \tag{5.40}$$

式中　$\sum R_i Q_i^2$ ——独立回路中各分支风压（或阻力）的代数和。分支风向与余树枝同向时其风压取正值，反之为负值；

$\quad\sum |R_i Q_i|$ ——独立回路中各分支风量与风阻乘积的绝对值之和；

$\quad H_{通}$ ——独立回路中的通风机风压，其作用的风流方向与余树枝同向时取负值，反之为正值；

$\quad H_{自}$ ——独立回路中的自然风压，其作用的风流方向与余树枝同向时取负值，反之为正值。

按式（5.40）分别求出各回路的风量修正值 ΔQ_i，由此对各回路中的分支风量进行修正，求得风量的近似真实值，即

$$Q'_{ij} = Q_{ij} \pm \Delta Q_i \tag{5.41}$$

式中　Q_{ij}, Q'_{ij} ——修正前后分支风量；

$\quad\Delta Q_i$ 的正负按所修正分支的风向与余树枝同向时，取正值；反之取负值。

如此经过多次反复修正，各分支风量接近真值。当达到预定的精度时计算结束。此时所得到的近似风量，即可认为是要求的自然分配的风量。上述式（5.40）和式（5.41）即为斯考德-恒斯雷法的迭代计算公式，也称哈蒂·克劳斯法。

当独立回路中既无通风机又无自然风压作用时，式（5.40）可简化为

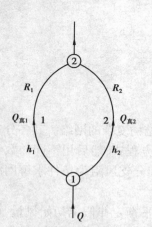

图 5.13　并联网络

$$\Delta Q = -\frac{\sum R_i Q_i^2}{2\sum |R_i Q_i|} \tag{5.42}$$

为便于理解，下面以并联网络来解释回路风量修正值 ΔQ 的计算公式。

如图 5.13 所示为由两个分支 1 和 2 组成的并联网络。其总风量 Q，风阻分别为 R_1 和 R_2。

设两个分支自然分配的真实风量分别为 $Q_{真1}$ 和 $Q_{真2}$，拟订的初始风量分别为 Q_1 和 Q_2，则初拟风量与真实风量的差值即为回路风量修正值 ΔQ。

若

$$Q_1 < Q_{真1}$$

必有

$$Q_2 > Q_{真2}$$

则

$$Q_{真1} = Q_1 + \Delta Q, Q_{真2} = Q_2 - \Delta Q$$

根据

$$\sum Q_i = 0$$

得

$$Q_{真1} + Q_{真2} = Q_1 + Q_2 = Q$$

根据 $h = RQ^2$ 和 $\sum h_i = 0$，得

$$h_{真1} = R_1 Q_{真1}^2 = R_1 (Q_1 + \Delta Q)^2 = R_1 Q_1^2 + 2R_1 Q_1 \Delta Q + R_1 \Delta Q^2$$
$$h_{真2} = R_2 Q_{真2}^2 = R_2 (Q_2 - \Delta Q)^2 = R_2 Q_2^2 - 2R_2 Q_2 \Delta Q + R_2 \Delta Q^2$$
$$h_{真1} = h_{真2}$$

忽略二次微量 ΔQ^2，整理得近似式

$$(2R_1 Q_1 + 2R_2 Q_2) \Delta Q = -(R_1 Q_1^2 - R_2 Q_2^2)$$

故

$$\Delta Q = -\frac{R_1 Q_1^2 - R_2 Q_2^2}{2(R_1 Q_1 + R_2 Q_2)}$$

将上式写成一般形式，即可得式（5.40）与式（5.42），则

$$\Delta Q = -\frac{\sum R_i Q_i^2 \mp H_通 \mp H_自}{2 \sum |R_i Q_i|}$$

或

$$\Delta Q = -\frac{\sum R_i Q^2}{2 \sum |R_i Q_i|}$$

修正风量的计算公式，即

$$Q_{ij}' = Q_{ij} \pm \Delta Q_i$$

（2）解算步骤

使用斯考德-恒斯雷法，一般经过以下步骤：

①绘制通风网络图，标定风流方向。

②输入网络结构及数据。

③确定独立回路数，选择并确定独立回路的分支构成。

④拟订初始风量。通常，先给余树枝赋一组初值，再计算各树枝初始风量。

⑤计算回路风量修正值，及时修正回路中各分支的风量。

⑥检查精度是否满足要求。

每修正完一次网络中所有分支的风量,称为迭代一次。每次迭代后应判断是否满足给定的精度要求,当某次迭代中各独立回路风量修正值均小于预定精度 ε,迭代计算结束,即

$$\max | \Delta Q_i | < \varepsilon \qquad 1 \leqslant i \leqslant N \tag{5.43}$$

一般精度 ε 取 $0.01 \sim 0.001$ m³/s。

⑦计算通风网络总阻力、总风阻。

在斯考德-恒斯雷法中,其核心是每次迭代中各回路风量修正值的计算。按上述步骤编写的计算机解算通风网络的应用软件较多。此外,因该算法的回路修正值可逐个回路独立计算,简化了计算,因而也可手算。手算时要注意:拟订的初始风量应尽量接近真实风量,以加快计算速度;独立回路中分支的风压和回路风量修正值的符号也可按顺时针流向取正值,逆时针流向取负值确定,通风机风压和自然风压的符号按顺负逆正确定;某分支风量,如在其他回路和后面的计算中再次出现,其风量的取值和风向应以最末一次渐近风量为准,而不再用初始值或前面的渐近值。

任务实施

(1)任务准备

课件,教案,多媒体设备。

(2)重点梳理

①回路法解算复杂通风网络的原理。
②斯考德-恒斯雷法解算复杂通风网络的步骤。

(3)任务应用

应用 5.5 某通风网络图如图 5.14 所示。已知总风量为 $Q = 25$ m³/s,各分支风阻分别为:$R_1 = 0.487$ Ns²/m⁸,$R_2 = 0.652$ Ns²/m⁸,$R_3 = 0.860$ Ns²/m⁸,$R_4 = 0.984$ Ns²/m⁸,$R_5 = 0.465$ Ns²/m⁸。试用斯考德-恒斯雷法解算该网络的自然分风,并求其总阻力和总风阻($\varepsilon \leqslant 0.01$ m³/s)。

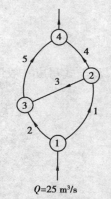

$Q = 25$ m³/s

图 5.14　角联通风网络

任务 5.5　通风网络风量调节

任务目标

1. 掌握矿井局部风量调节方法。
2. 掌握矿井总风量调节方法。

任务描述

在矿井生产中,矿井风网的供风量会因巷道的延伸、工作面的推进等因素不断的发生变化,另外,瓦斯涌出量等发生变化也要引起风网内需风量的变化。这些变化都会导致井下各用风地点的实际供风量与需求风量产生较大差异,甚至引起矿井总风量的供需变化。为了保证井下风流按所需的风量和预定的路线流动,就需要对矿井风量进行调节。这是矿井通风管理的重要内容。通常,在采区内、采区之间和生产水平之间的风量调节,称为局部风量调节;对全矿总风量进行增减的调节,称为矿井总风量调节。

知识准备

(1)局部风量调节

局部风量调节有 3 种方法,即增加风阻调节法、降低风阻调节法和辅助通风机调节法。

1)增加风阻调节

①增阻法调节原理

如图 5.15 所示为某采区两个采煤工作面的通风网络图。已知两风路的风阻值 $R_1 = 0.8$ Ns^2/m^8, $R_2 = 1.0$ Ns^2/m^8,若总风量 $Q = 12$ m^3/s,则该并联网络中自然分配的风量分别为

$$Q_1 = \frac{Q}{1 + \sqrt{\dfrac{R_1}{R_2}}} = \frac{12}{1 + \sqrt{\dfrac{0.8}{1.0}}} \ m^3/s = 6.3 \ m^3/s$$

$$Q_2 = Q - Q_1 = 12 \ m^3/s - 6.3 \ m^3/s = 5.7 \ m^3/s$$

如按生产要求,1 分支的风量应为 $Q_1 = 4.0$ m^3/s,2 分支的风量应为 $Q_2 = 8.0$ m^3/s,显然自然分配的风量不符合生产要求。按满足生产要求的风量,两分支的阻力分别为:

$$h_1 = R_1 Q_1^2 = 0.8 \ Ns/m^8 \times 4^2 \ m^3/s = 12.8 \ Pa$$

$$h_2 = R_2 Q_2^2 = 1.0 \ Ns/m^8 \times 8^2 \ m^3/s = 64.0 \ Pa$$

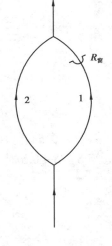

图 5.15　并联通风网络

2 风路的阻力大于 1 风路的阻力,这与并联网络两分支分压平衡的规律不符。因此,必须进行调节。采用增阻调节法,即以 h_2 的数值为并联风网的总阻力,在 1 风路上增加一项局部阻力 $h_窗$,使两风路的阻力相等,这时进入两风路的风量即为需要的风量,则

$$h_1 + h_窗 = h_2$$

或

$$h_窗 = h_2 - h_1$$

即

$$h_窗 = 64 \ Pa - 12.8 \ Pa = 51.2 \ Pa$$

以上说明,增阻调节法的实质就是以并联风网中阻力较大的分支阻力值为依据,在阻力较小的分支中增加一项局部阻力,使并联各分支的阻力达到平衡,以保证风量按需供应。

增阻调节法的主要措施是在调节支路回风侧设置调节风窗(见图 5.16)、临时风帘、风幕(见图 5.17)等调节装置。其中,调节风窗由于其调节风量范围大,制造和安装都较简单,在生产中使用得最多。

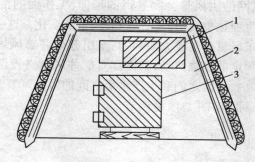

图 5.16　调节风窗
1—风窗;2—风墙;3—风门

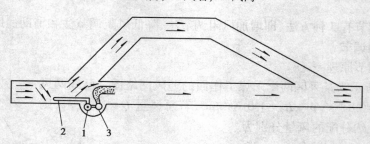

图 5.17　风幕
1—扇风机;2—吸风管;3—圆管

调节风窗的开口断面积计算如下:

当 $S_窗/S \leqslant 0.5$ 时

$$S_窗 = \frac{QS}{0.65Q + 0.84S\sqrt{h_窗}}$$ (5.44)

或

$$S_窗 = \frac{S}{0.65Q + 0.84S\sqrt{R_窗}}$$ (5.45)

当 $S_窗/S > 0.5$ 时

$$S_窗 = \frac{QS}{Q + 0.759S\sqrt{h_窗}}$$ (5.46)

或

$$S_窗 = \frac{S}{Q + 0.759S\sqrt{R_窗}}$$ (5.47)

式中　$S_窗$——调节风窗的断面积,m^2;

S——巷道的断面积,m^2;

Q——通过的风量,m^3/s;

$H_窗$——调节阻力,Pa;

$R_窗$——调节风窗的风阻,Ns^2/m^8,$R_窗 = h_窗/Q^2$。

上例中,若 1 分支回风侧设置调节风窗处的巷道断面 $S_1 = 4.5\ m^2$,则调节风窗的开口断面积为

$$S_窗/S = \frac{Q}{Q + 0.759S\sqrt{h_窗}} = \frac{4}{4 + 0.759 \times 4.5\sqrt{51.2}} = 0.14 < 0.5$$

则

$$S_窗 = \frac{QS}{0.65Q + 0.84S\sqrt{h_窗}} = \frac{4 \times 4.5}{0.65 \times 4 + 0.759 \times 4.5\sqrt{51.2}}\ m^2 \approx 0.61\ m^2$$

②增阻调节法的使用

a.调节风窗一般安设在回风侧,以免影响运输。当必须安设在运输巷道时,可采取多段调节,即用若干个大面积调节风窗代替一个面积较小的调节风窗,且满足小面积风窗的阻力等于这些大面积风窗的阻力之和的条件。

b.在复杂风网中采用增阻法调节时,应按先内后外的顺序逐渐调节。使每个网孔的阻力达到平衡。要合理确定风窗的位置,防止重复设置。

c.风窗一般安设在风桥之后(见图 5.18(b))。如果将风窗安设在风桥之前(见图 5.18(a)),风流经风窗后压降很大,造成风桥上下风流的压差增大,可能导致风桥漏风增大。

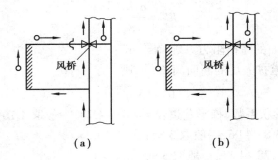

（a）　　　　　　　　（b）

图 5.18　风桥前后风窗的位置

增阻调节法具有简单、易行的优点,是采区内巷道间的主要调节措施。但这种方法会使矿井的总风阻增加,若主要通风机风压特性曲线不变,会导致矿井总风量下降;否则,就得改变主要通风机风压特性曲线,以弥补增阻后总风量的减少。

2)降低风阻调节

①降阻法调节原理

如图 5.19 所示的并联风网,两分支风路的风阻分别为 R_1 和 R_2(Ns^2/m^8),所需风量分别

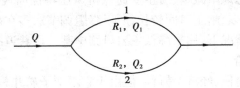

图 5.19　并联风网

为 Q_1 和 $Q_2(\mathrm{m}^3/\mathrm{s})$,则两条风路产生的阻力分别为

$$h_1 = R_1 Q_{12}$$

$$h_2 = R_2 Q_{22}$$

如果 $h_2 > h_1$,采用降阻调节法调节时,则以 h_1 的数值为依据,使 h_2 减少到 $h'_2 = h_1$。为此,需把 R_2 降到 R'_2,即

$$h'_2 = R'_2 Q_{22} = h_1$$

$$R'_2 = \frac{h_1}{Q_2^2} \tag{5.48}$$

式(5.48)表明,降阻调节法与增阻调节法相反。为了保证风量的按需分配。当两并联巷道的阻力不相等时,以小阻力分支为依据,设法降低大阻力巷道的风阻,使风网达到阻力平衡。

②降阻调节法及计算

降低风阻值的方法可根据所需降阻数值的大小和矿井通风状况而定。当所需降阻值不大时,首先应考虑减小局部阻力,还可在阻力大的巷道旁侧开掘并联巷道(可利用废旧巷),也可改变巷道壁面平滑程度或支架形式,通过减少摩擦阻力系数降低风阻;当所需降阻值较大时,可采用扩大巷道断面的方法,条件允许时,也可缩短通风路线总长度降低风阻。

如果将图 5.19 中 2 支路巷道全长 $L_2(\mathrm{m})$ 的断面扩大到 $S'_2(\mathrm{m}^2)$,则

$$R'_2 = \frac{\alpha' L_2 U'_2}{S''^3_2} \tag{5.49}$$

式中 α'_2——扩大后断面的摩擦阻力系数,$\mathrm{Ns}^2/\mathrm{m}^4$;

U'_2——2 分支巷道扩大后的断面周长,m,则

$$U'_2 = K\sqrt{S'_2} \tag{5.50}$$

式中 K——巷道断面形状系数,梯形巷道:$K = 4.03 \sim 4.28$,一般取 4.16;

三心拱巷道:$K = 3.8 \sim 4.06$,一般取 3.85;

半圆拱巷道:$K = 3.78 \sim 4.11$,一般取 3.90。

将式(5.49)式代入式(5.50),得出巷道 2 扩大后的断面积公式为

$$S'_2 = \left(\frac{a'_2 L_2 K}{R'_2} \right)^{\frac{2}{5}} \tag{5.51}$$

如果采用改变摩擦阻力系数降阻时,减小后的摩擦阻力系数公式为

$$a'_2 = \frac{R'_2 S_2^3}{L_2 U_2} \tag{5.52}$$

降阻调节法可使矿井总风阻减少,若主要通风机风压特性曲线不变,矿井总风量会增加。但这种方法工程量大、投资多、施工时间较长,所以降阻调节法多在矿井增产、老矿挖潜改造或某些主要巷道年久失修的情况下,用来降低主要风路中某一段巷道的通风阻力。

3)各种调节方法的评价

增阻调节法的优点是简便、经济、易行。但由于它增加了矿井总风阻,矿井总风量要减少。因此,这种方法只适于服务年限不长、调节区域的总风阻占矿井总风阻的比重不大的采区范围内。对于矿井主要风路,特别是在阻力搭配不均的矿井两翼调风,则尽量避免采用;否则,不但

不能达到预期效果,还会使全矿通风恶化。

减阻调节法的优点是减少了矿井总风阻,增加了矿井总风量。但实施工程量较大、费用高。因此,这种方法多用于服务年限长、巷道年久失修造成风网风阻很大而又不能使用辅助通风机调节的区域。

总之,上述两种风量调节方法各有特点,在运用中要根据具体情况,因地制宜选用。当单独使用一种方法不能满足要求时,可考虑上述方法的综合运用。

(2)矿井总风量调节

矿井总风量调节主要是调整主要通风机的工作点。其方法是改变主要通风机的特性曲线,或是改变主要通风机的工作风阻。

1)改变主要通风机工作风阻调节法

如图 5.20 所示的通风机工况,当矿井风阻特性曲线 R 增大为 R_1 时,通风机的工作点由 M 变到 C,矿井总风量由 Q 减到 Q_1;反之,工作点由 M 变到 D,矿井总风量由 Q 增至 Q_2。

因此,当矿井要求的通风能力超过主要通风机最大潜力又无法采用其他调节法时,就必须降低矿井总风阻,以满足矿井通风要求。

如果主要通风机的风量大于矿井实际需要,可增加主要通风机的工作风阻,使总风量下降。由于离心式通风机的输入功率随风量的减少而降低,因此,对于离心式风机,当所需风量变小时,可利用风硐中的闸门增加风阻,减小风量;对于轴流式风机,通风机的输入功率随风量的减小而增加,故一般不用闸门调节而多采用改变通风机的叶片安装角度,或降低风机转速进行调节;对于有前导器的通风机,当需风量变小时,可用改变前导器叶片角度的方法来调节,但其调节幅度比较小。

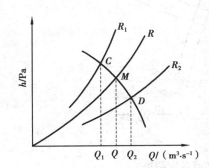

图 5.20 改变主通风机的工作风阻调节风量

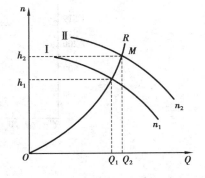

图 5.21 改变通风机的转数调节风量

2)改变主要通风机特性调节法

①离心式通风机

对于矿井使用中的一台离心式通风机,其实际工作特性曲线主要决定于风机的转数。如图 5.21 所示,一台离心式通风机在转数为 n_1 时,其风压特性曲线为 Ⅰ。如果实际产生的风量 Q_1 不能满足矿井需风量 Q_2 时,可用比例定律求出该风机所需新的转数 $n_2(r/min)$,即

$$n_2 = n_1 \frac{Q_2}{Q_1} \tag{5.53}$$

绘制出新转数 n_2 时的全风压特性曲线 Ⅱ,它和矿井总风阻曲线 R 的交点 M 即为通风机

新的工作点。同时,根据新转数的效率特性曲线和功率特性曲线,检查新工作点是否在合理的工作范围内,并验算电动机的能力。

改变通风机转速是改变离心式通风机特性曲线的主要方法。其具体做法是:如果通风机和电动机之间是间接传动,可改变传动比或改变电动机的转数;如果通风机和电动机是直接传动,则可改变电动机的转数或更换电动机。

②轴流式通风机

轴流式通风机特性曲线的改变,主要决定于通风机动轮叶片安装角和通风机转数两个因素。在矿井生产中,常采用改变轴流式通风机叶片安装角的方法实施调节。如图 5.22 所示,正常运转时,叶片安装角为 $\theta_1(27.5°)$,运转工况点为特性曲线 I′ 上的 a 点;由于生产需要,矿井总阻力增加,为保证原有的风量,主通风机运转工况点移至 b 点,此时则把叶片安装角调整到 $\theta_2(30°)$,才能使风压特性曲线 I 通过 b 点,从而保证矿井总风量的需要。

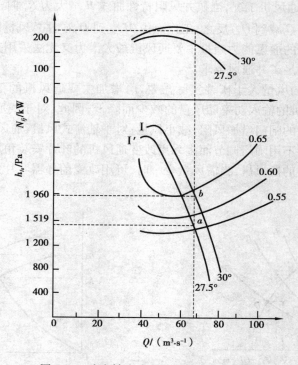

图 5.22　改变轴流式通风机的叶片安装角

轴流式通风机的叶片,是用双螺帽固定于轮毂上,调整时只需将螺帽拧开,调整好角度后再拧紧即可。这种方法的调节范围比较大,一般每次可调 5°(每次最小可调 2.5°),而且可使通风机在最佳工作区域内工作。采用变频技术控制主要通风机的矿井,在一定范围内,也可通过调整电动机转数,方便地实现总风量的调节。

③对旋式通风机

对旋式通风机是近年来开发应用的新型高效轴流式风机。其调节方法与一般轴流式通风机相似,可调整风机两级动轮上的叶片安装角(可调整其中一级,也可同时调整两级),也可改变电动机的转数。由于对旋式通风机的两级动轮分别由各自的电动机驱动,在矿井投产初期甚至可单级运行。

118

任务实施

（1）任务准备

课件,教案,多媒体设备。

（2）重点梳理

①增加风阻调节法的原理及适用条件。
②改变主要通风机工作方法如何应用？
③什么是局部风量调节？如何通过改变轴流式通风机的工作特性调节矿井的总风量？
④矿井风量调节的措施可分为哪几类？试比较它们的优缺点。

（3）任务应用

应用 5.6　某矿井通风系统如图 5.23 所示。已知 $Q_总 = 25$ m³/s, $R_{AB} = 0.20$ kg/m⁷, $R'_{BC} = 0.40$ kg/m⁷, $R_{C'D'} = 0.30$ kg/m⁷, $R_{D'E} = 0.51$ kg/m⁷, $R_{BC} = 0.30$ kg/m⁷, $R_{CD} = 0.25$ kg/m⁷, $R_{DE} = 0.45$ kg/m⁷, $R_{EF} = 0.25$ kg/m⁷。试计算矿井总风阻、总风压和每翼的风量。

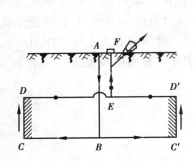

图 5.23　某矿井通风系统图

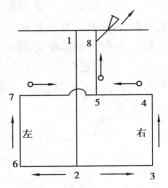

图 5.24　某矿井通风系统图

应用 5.7　某矿经简化后的通风系统如图 5.24 所示。已知 $R_{1-2} = 0.15$ Ns²/m⁸, $R_{2-3-4} = 0.59$ Ns²/m⁸, $R_{4-5} = 1.13$ Ns²/m⁸, $R_{2-6-7-5} = 1.52$ Ns²/m⁸, $R_{5-8} = 0.11$ Ns²/m⁸ 左右两翼需要的风量为 $Q_左 = 23$ m³/s, $Q_右 = 28$ m³/s,4-5 段为总回风道,长为 795 m。若采用扩大 4-5 段巷道断面来调节风量时,问扩大后的巷道断面积应为多少平方米？（说明：预计扩大后巷道的摩擦阻力系数 $\alpha' = 0.012$,断面积形状仍为梯形,其断面系数 $K = 4.16$）

项目6
矿井通风系统

 项目说明

风流由进风井口进入矿井后,经过井下各用风场所,然后从回风井排出矿井。风流所经过的整个路线及其配套的通风设施,称为矿井通风系统。矿井通风系统是矿井通风方法、通风方式、通风网络及其配套的通风设施的总称。

矿井通风系统对整个矿井的通风和生产安全有着极其重要的作用,是矿井安全生产的保障。无论对于新建矿井还是正在进行生产矿井,都必须保证矿井通风系统的合理性、安全性、科学性和经济性。识读矿井通风系统图,能正确判定矿井通风系统是否合理,对能否保证备用地点的供风、保证安全生产,能否有利于基本建设和降低通风费用起着决定性的作用。从事采掘生产的职工,一定要掌握矿井通风系统的基本知识,会识读矿井通风系统图。

任务6.1 矿井主要通风机的工作方法及特点

 任务目标

1.掌握抽出式通风的优缺点。
2.掌握压入式通风的优缺点。
3.掌握混合式通风的优缺点。

 任务描述

矿井通风机的类型有多种,同样矿井通风机的主要通风方式也不同。它可分抽出式通风和压入式通风。另外,将抽出式与压入式混合使用又构成混合式通风。各种通风方式的优缺点及适用条件又不同,本任务将对这些问题进行分析。

知识准备

（1）抽出式通风

如图 6.1 所示，风机安设在出风井口，利用风机风压作为通风动力，促使空气在井巷中沿着预定路线流动的通风方法，也称负压通风。

1）优点

乏风井巷道排出，新风沿掘进巷道流入，作业环境条件好；有风机有效吸程内排出烟尘需风量少，通风效果好。

2）缺点

污风经过通风机，安全性差；必须使用刚性风筒或带金属骨架的可伸缩性柔性风筒，运输、安装不便；通风机的有效吸程短，等等。

（2）压入式通风

如图 6.2 所示，风机安设在进风井口，利用风机风压作为通风动力，促使空气在井巷中沿着预定路线流动的通风方法，也称正压通风。

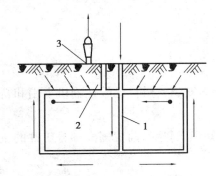

图 6.1   抽出式通风示意图
1—进风井；2—出风井；3—风机

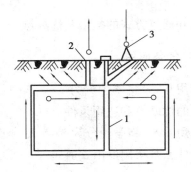

图 6.2   压入式通风示意图
1—进风井；2—出风井；3—风机

1）优点

局部通风机和启动装置都在新风中，不易引起瓦斯煤层爆炸，安全性好，因此适用于有瓦斯涌出的巷道掘进；对风筒的适应性强，既可使用刚性风筒，也可使用柔性风筒；有效射程大冲淡和排出炮烟的作用比较强；工作面回风沿巷道流出，带走了巷道内的粉尘等有害气体。

2）缺点

长距离巷道掘进排出炮烟需要的风量大，所排出的炮烟在巷道中随风流扩散蔓延范围大，时间长，工作环境差。

（3）混合式通风

如图 6.3 所示，在进出风井都安设风机。一套做压入式通风，另一套做抽出式通风。

1）优点

混合式通风具有压入式和抽出式的优点，巷道作业环境好，通风效果好。

2）缺点

使用设备多，管理复杂。一般适用于长距离、大断面的掘进巷道通风。

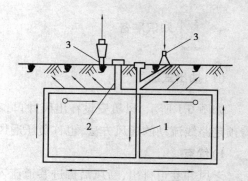

图 6.3　混合式通风示意图
1—进风井；2—出风井；3—风机

 任务实施

（1）任务准备

课件，教案，多媒体设备。

（2）重点梳理

矿井通风方式的类型及优缺点。

（3）任务应用

应用 6.1　将学生分为 3~5 人一组，用本任务所学知识，分析、比较运输机上山和轨道上山进风的优缺点和适用条件。

应用 6.2　将学生分为 3~5 人一组，利用所学的知识，讨论目前我国大部分矿井的主要通风机为什么都采用抽出式通风。

任务 6.2　矿井通风方式的类型及特点

 任务目标

1.掌握中央式通风方式的方法及优缺点。

2.掌握对角式通风方式的方法及优缺点。

3.掌握区域式通风方式的方法及优缺点。

4.掌握混合式通风方式的方法及优缺点。

任务描述

矿井通风方式按进、回风井筒的相对位置不同,可分为中央式、对角式、区域式及混合式 4 大类。4 种方式在不同的矿山中,根据矿山井型的大小、开拓方式的特点、地质赋存状况以及各种通风方式的特点,每种通风方式都有用到。本任务重点论述每一种通风方式的方法、优缺点以及适用的条件。

知识准备

(1)中央式通风

中央式通风是指进风井和回风井大致位于井田走向的中央。中央式通风又分为中央并列式和中央边界式两种形式。进风井和出风井并列位于井田走向中央的通风方式,称为中央并列式,如图 6.4(a)所示;进风井位于井田走向的中央,出风井位于井田沿边界走向中部的通风方式称为中央边界式,如图 6.4(b)所示。

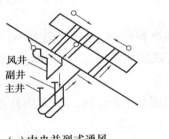
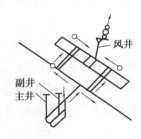

(a)中央并列式通风　　　　　　　(b)中央边界式通风

图 6.4　中央式通风

中央并列式通风的优缺点是:初期投资少、采区生产集中,便于管理;节省回风井工业场地,占地少,压煤少;进、回井之间风格路较长,风阻较大,漏风较多;工业场地有噪声影响。其适用于煤层倾角较大、走向不长、投产初期暂未设置边界安全出口且自然发火不严重的矿井。

中央边界式通风适用于瓦斯和自然发火比较严重的缓倾斜煤层,埋藏较浅,走向不大的矿井。

(2)对角式通风

按进、回风井走向和位置可将矿井通风系统分为以下两种类型:

1)两翼对角式

进风井大致位于井田走向的中央,出风井位于沿浅部走向的两翼附近(沿倾斜方向的浅部);如果只有一个回风井,且进、回风分别位于井田的两翼称为单翼对角式,如图 6.5(a)所示。

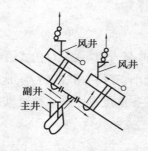
(a)两翼对角式通风

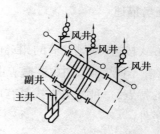
(b)分区对角式通风

图6.5 对角式通风

两翼对角式通风的优点是:矿井通风阻力小,风路短,漏风小;工业场地没有噪声影响;比中央式通风的安全可靠性强,特别是对于有瓦斯喷出或有煤与瓦斯(二氧化碳)突出的矿井应采用对角式通风。其缺点是:初期投资大,建井期较长;增加两个回风井场地,压煤多。

两翼对角式通风适用于煤层走向长、井田面积大、产量较高的矿井。

2)分区对角式

进风井大致位于井田走向的中央,每个采区各有一个出风井,无总回风巷,如图6.5(b)所示。

分区对角式通风的优点是:工业场地没有噪声影响;矿井通风阻力小,风路短,漏风小;矿井通风安全可靠性强,特别是具有严重自然灾害威胁的矿井应采用该法。其缺点是:初期投资大,建井期较长;增加若干个回风井场地,压煤多。

分区对角式通风适用于煤层距地表浅,地表起伏(高低)较大,无法开掘浅部总回风道的矿井。

(3)区域式通风

在井田的每一个生产区域开凿进、回风井,分别构成独立的通风系统即区域式通风系统,如图6.6所示。

(4)混合式通风

混合式通风系统的进风井与回风井有3个以上井筒,由中央式和对角式混合、中央式和中央边界式混合等,如图6.7所示。这种通风系统主要适用于井田范围较大,多煤层、多水平开采的矿井,大多用于老矿井的改造和扩建。

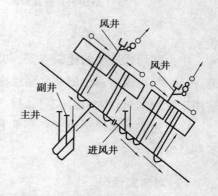
图6.6 区域式通风

混合式通风系统具有中央区通风和对角式通风的优缺点。它适用于:矿井走向距离长及老矿井的改扩建和深部开采;多煤层、多井筒的矿井,有利于矿井分区、分期投产;大型矿井,井田面积大、产量高或采用分区开拓的矿井。

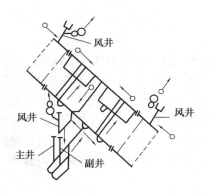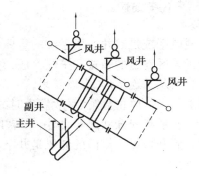

图 6.7 混合式通风

 任务实施

(1)任务准备

课件,教案,多媒体教室。

(2)重点梳理

①什么是中央式通风?它又分哪几种类型?

②什么是对角式通风?它又分哪几种类型?

③什么是区域式通风?它适用于什么条件?

④什么是混合式通风?它适用于什么条件?

(3)任务应用

应用 6.3 将学生分为 3~5 人一组,分组讨论矿井通风系统主要有哪些类型,各种类型都适用于什么条件。

任务 6.3 采区通风系统

 任务目标

1.掌握采区进风上山和回风上山选择的原则。

2.掌握采煤工作面通风方式及其优缺点。

3.掌握采区通风量的计算。

任务描述

采区通风系统是矿井通风系统的重要组成部分,是矿井供风的主要对象。采区通风系统主要取决于采区巷道的布置和采煤方法,它包括采区进、回风巷道和工作面进、回风巷道所构成的通风线路及其连接形式,以及采区内的风流控制设施等内容。采区通风系统是否合理不仅影响到采区内的风量分配、事故发生时的风流控制、采区生产任务的完成,而且也影响到全矿井的通风质量和安全状况。另外,采煤工作面是煤矿安全生产的主要地点,也是矿井通风的主要对象。搞好采煤工作面的通风是井下日常生产和通风管理工作的重点内容之一。

 知识准备

(1)采区通风系统的基本要求

在确定采区通风系统时,应遵循安全、经济、技术合理的原则,满足下列基本要求:

①应合理选择采区的通风方式。生产水平和采区必须实行分区通风;采、掘工作面应实行独立通风;同一采区内,同一煤层上下相连的两个同一风路中的采煤工作面、与其相连的掘进工作面、相邻的两个掘进工作面,可采用串联通风,但串联通风的次数不得超过一次;采区内为构成新区段通风系统的掘进巷道或采煤工作面遇地质构造而重新掘进的巷道,布置独立通风确有困难时,其回风可以串入采煤工作面,但必须制订安全措施,且串联通风的次数不得超过一次,构成独立通风系统后,必须立即改为独立通风;开采有瓦斯突出或有煤与瓦斯突出危险的煤层时,严禁任何两个工作面之间串联通风。

②在采区通风系统中,要保证采区内风流的稳定性,尽可能避免对角风路和复杂通风网络。

③在采区通风系统中,力求通风系统简单,以便在事故发生时易于控制风流和人员的及时撤出。必须设置的通风设施(风门、风窗、风桥、密闭和风筒等)和设备(局部通风机、辅助通风机等)要选择适当位置,严格管理制度,保证安全运转。

④在采区通风系统中,要求通风系统阻力小,通风能力大,风流畅通,风量按需分配。为此,保证采区巷道断面足够,巷道要加强支护,巷道内无堆积物。

⑤在采区通风系统中,应尽量减少采区漏风量,以便于瓦斯排放及防止采空区浮煤自燃。

(2)采区进风上山与回风上山的选择

采区上(下)山至少要有两条:一条为运输机上山,另一条为轨道上山。设两条上(下)山时,一条进风,另一条回风。采区布置多条上(下)山的,可设专用回风上(下)山。

1)轨道上山进风,运输机上山回风

新鲜风流由进风大巷,经采区进风石门、下部车场到轨道上山,故下部绕道车场中不设风门。在轨道上山的上部及中部车场与回风巷连接处,均设置风门和回风巷隔离。为解决运输和通风的问题,要有足够的车场长度,以保证两道风门有一定的间距。

2)运输上山进风,轨道上山回风

运输上山进风时,进风流与煤流方向相反,进风巷道风门较少,风流容易控制。但容易造成空气污染(包括设备的散热、煤尘的飞扬、煤中有毒有害气体的涌出),轨道上山回风,通风构筑物多,而且下部车场需设风门。对于从下部大巷运送材料的采区,风门开启频繁,风流不稳定,而且风门易遭破坏,可能造成风流短路,因此这种方式应用较少。但对于从上水平下料的采区比较适宜。

3)两种通风方式的比较

轨道上山进风,新鲜风流不受煤尘、煤炭释放瓦斯的污染,也不受运输设备及煤炭散热的影响,轨道上山的绞车房易于通风。

运输上山进风,由于风流方向与运煤方向相反,容易引起煤尘飞扬,煤炭在运输过程中释放的瓦斯使进风流的瓦斯和煤尘含量增大,影响空气质量和安全;运输设备的散热,易使进风流温度升高。

进回风上山的选择应根据煤层储存条件、开采方法,以及瓦斯、煤尘、温度等条件并通过技术经济比较而定。从安全方面出发,一般认为,瓦斯、煤尘危险性较大的采区,应采用轨道上山进风、运输上山回风的方式。在瓦斯涌出量大、产量大的采区,一条上山进风不能满足要求时,可增设专用通风上山;在开采有煤与瓦斯突出危险煤层的采区,必须设专用通风上山。

(3)采煤工作面通风系统

采煤工作面通风系统是矿井通风系统的次级子系统。采煤工作面既是井下采煤的工作地点,又是井下人员最集中的地点。因此,采煤工作面通风系统的好坏对矿井安全生产有直接影响。

采煤工作面通风系统是由进、回风巷(顺槽),工作面,以及采空区和通风设施等构成。它包括采煤工作面通风方法、采煤工作面风流流动形式、采煤工作面通风方式及采空区漏风方式等。

1)采煤工作面通风方法

采煤工作面通风方法是指采煤工作面采用正压、负压或混合式通风。当采煤工作面无辅助扇风机时,它取决于矿井通风系统的通风方法。

2)采煤工作面风流流动形式

采煤工作面风流流动形式是指工作面采用上行风和下行风。上行风是煤矿采用最广泛的风流流动形式,适用范围很广。从国内外采用下行风的经验看,下行风对降低气温、减少工作面沼气浓度等都有积极作用。

3)采煤工作面通风方式

采煤工作面通风方式由进、回风巷与工作面的相对位置所决定,根据工作面开采方式的不同,瓦斯、温度和煤层自燃发火倾向性的不同,长壁采煤工作面进、回风巷道的布置形式有 U形、Z 形、H 形、Y 形、W 形及双 Z 形等。在我国使用最为普遍的是 U 形通风形式。

①U 形——后退式(见图 6.8)

A.布置及使用条件

工作面通风系统只在煤层中设一条进风巷和一条回风巷,使用比较普遍。

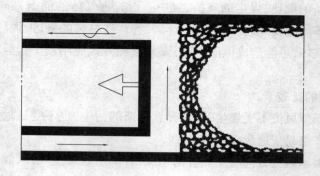

图 6.8　U 形——后退式通风方式示意图

B.优点

系统简单可靠,漏风少,风流稳定,巷道施工维修量小,易于管理。

C.缺点

上行风工作面上隅角瓦斯易积聚超限,工作面进、回风巷要提前掘好,巷道维护时间长。

②U 形——前进式(见图 6.9)

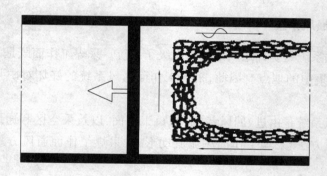

图 6.9　U 形——前进式通风方式示意图

A.布置及使用条件

工作面通风系统只在采空区中保留一条进风巷和一条回风巷。

B.优点

进、回风巷不必提前掘进,巷道维护量小,不存在采掘工作面串联通风问题,采空区瓦斯直接涌向回风巷,工作面风流瓦斯浓度小,不易超限。

C.缺点

工作面进、回风巷均在采空区内维护,漏风大,有自燃发火危险的煤层,采空区易自燃发火。

③Z 形——后退式(见图 6.10)

A.布置及使用条件

工作面通风系统进风方向与推进方向相反,只在采空区中保留一条回风巷。

B.优点

回风巷在采空区内维护,采空区的瓦斯随漏风直接进入回风巷,减少了涌入工作面的瓦斯量,且工作面上隅角不易积聚瓦斯。

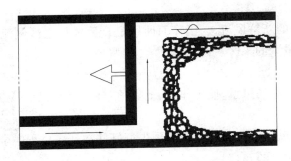

图 6.10 Z 形——后退式通风方式示意图

C.缺点

需沿空留巷和控制采空区漏风,难度比较大。

④Z 形——前进式(见图 6.11)

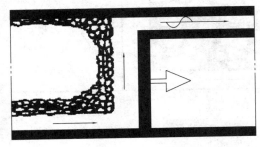

图 6.11 Z 形——前进式通风方式示意图

A.布置及使用条件

工作面通风系统进风方向与推进方向一致,只在采空区中保留一条进风巷。

B.优点

回风巷在采空区内维护,采空区的瓦斯随漏风直接进入回风巷,减少了涌入工作面的瓦斯量,且工作面上隅角不易积聚瓦斯。

C.缺点

进风巷在采空区内维护,采空区内的瓦斯随漏风进入工作面,特别是上隅角瓦斯容易超限。

⑤Y 形——后退式(见图 6.12)

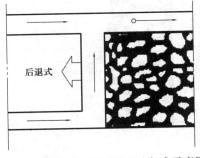

图 6.12 Y 形——后退式通风方式示意图

A.布置及使用条件

在回风侧加入附加的新鲜风流,与工作面回风汇合后经采空区侧流出的通风系统。一般用于产量大、瓦斯涌出量大的采区。

B.优点

加大了工作面、回风巷的风量,使工作面、上隅角和回风巷瓦斯不易超限。

C.缺点

工作面上巷一段进风、一段回风,全长需预先掘好并在开采过程中全部维护,维护量大。

⑥Y形——前进式(见图6.13)

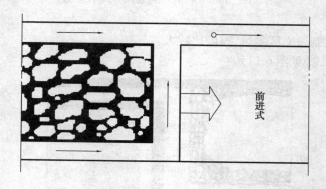

图6.13　Y形——前进式通风方式示意图

A.布置及使用条件

在回风侧加入附加的新鲜风流,与工作面回风汇合后经采空区侧流出的通风系统。一般用于产量大、瓦斯涌出量大的采区。

B.优点

加大了工作面、回风巷的风量,使工作面、上隅角和回风巷瓦斯不易超限。

C.缺点

工作面上巷一段进风、一段回风,全长需预先掘好并在开采过程中全部维护,维护量大。

⑦W形——后退式(见图6.14)

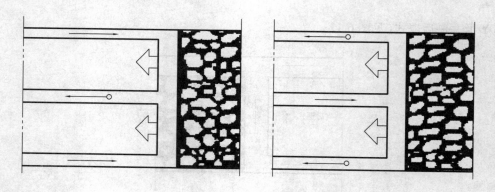

图6.14　W形——后退式通风方式示意图

A.布置及使用条件

可用于对拉工作面,也可用于厚煤层采高大或放顶煤工作面。该系统的进、回风巷均布置在煤层中。W形通风常采用两侧巷进风、中间巷回风的方式;或者采用中间巷进风、上下平巷回风的方式以增加风量,提高产量。在厚煤层工作面也可采用下平巷进风、中间巷和上平巷回风的方式。

B.优点

通风供风量大,漏风小,有利于防止煤炭自燃;在中间巷布置抽放瓦斯钻孔时,由于抽放孔位于抽放区域中心,抽放率比采用U形通风系统的工作面提高50%。

C.缺点

前进式通风进、回风巷维护在采空区内,巷道维护困难,漏风大,采空区瓦斯涌出重大,易自燃发火。因此,实际生产中常采用后退式。

⑧W形——前进式(见图6.15)

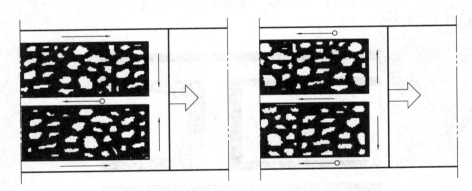

图6.15 W形——前进式通风方式示意图

A.布置及使用条件

可用于对拉工作面,也可用于厚煤层采高大或放顶煤工作面。该系统的进、回风巷均布置在煤层中。W形通风常采用两侧巷进风、中间巷回风的方式;或者采用中间巷进风、上下平巷回风的方式以增加风量,提高产量。在厚煤层工作面也可采用下平巷进风、中间巷和上平巷回风的方式。

B.优点

通风供风量大,漏风小,有利于防止煤炭自燃;在中间巷布置抽放瓦斯钻孔时,由于抽放孔位于抽放区域中心,抽放率比采用U形通风系统的工作面提高50%。

C.缺点

前进式通风进、回风巷维护在采空区内,巷道维护困难,漏风大,采空区瓦斯涌出重大,易自燃发火。因此,实际生产中常采用后退式。

⑨双Z形——前进式(见图6.16)

A.布置及使用条件

通风系统的上下进风平巷布置在采空区。

B.优点

工作面的进风长度缩短了一半,有利于加大工作面风量及长工作面布置。

C.缺点

涌出的瓦斯有可能使工作面超限。

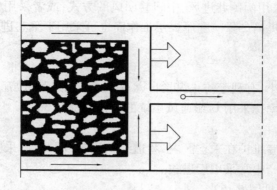

图 6.16　双 Z 形——前进式通风方式示意图

⑩H 形(见图 6.17)

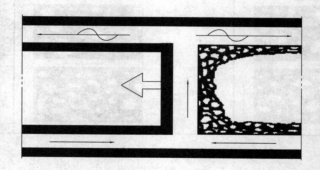

图 6.17　H 形通风方式示意图

A.布置及使用条件

在 H 形通风系统中,有两进两回的方式和三进一回的方式。在工作面和采空区瓦斯涌出量都较多,在进风侧和回风侧都需要增加风量以稀释整个工作面的瓦斯时,可考虑采用 H 形通风系统。

B.优点

工作面风量大,采空区瓦斯不会涌向工作面,气候条件好,增加了工作面的安全出口,工作面的机电设备均在新鲜风流巷道中,通风阻力小,在采空区的回风巷道中可抽放瓦斯,上隅角不易积聚瓦斯。

C.缺点

沿空护巷困难,由于进、回风巷道多,可能影响风流的稳定性,管理复杂。

(4)采区所需风量计算

按照采区实际需要、供给适当的风量是搞好采区通风的核心问题。既要保证质量、安全可靠,又要经济合理,但因计算风量的因素较多,各个采区的情况又不尽一致,至今仍分别用各种因素进行近似计算,然后选用其中最大值。对于新设计的采区,要参照条件相同的生产采区进行计算。投产后进行修正,对于生产的采区,也要根据情况的不断变化随时进行调整,务必使供给的风量符合我国《规程》中有关条款的规定。

采区所需总风量(Q_m)是采区内各用风地点所需风量之和,并乘以适当系数,即

$$Q_m = \left(\sum Q_{pi} + \sum Q_{ei} + \sum Q_{Bi} + \sum Q_{Qi} \right) \cdot K_m \qquad (6.1)$$

式中　$\sum Q_{pi}$——各采煤工作面和备用工作面所需要的风量之和,m^3/min;

$\qquad \sum Q_{ei}$——各掘进工作面所需要的风量之和,m^3/min;

$\qquad \sum Q_{Bi}$——各硐室所需风量之和,m^3/min;

$\qquad \sum Q_{Qi}$——除上述各用风点外,其他巷道风量之和,m^3/min;

$\qquad K_m$——采区风量备用系数,包括采区漏风和配风不均匀等因素,该值应从实测和统计中求得,一般可取为 1.2~1.25。

其中,采煤工作面、掘进工作面、各个独立硐室以及独立用风巷道需风量详见项目 8 矿井通风设计。

任务实施

（1）**任务准备**

课件,教案,多媒体教室。

（2）**重点梳理**

①长壁工作面通风系统有哪些类型? 阐述其各自的特点和适用性。
②何谓下行风? 从防止瓦斯积聚、防尘及降温角度分析上行风与下行风的优缺点。
③采区通风系统的基本要求有哪些?

（3）**任务应用**

应用 6.4　某个通风系统如图 6.18 所示。已知各条巷道的风阻 $R_1 = 1.0, R_2 = 1.0, R_3 = 0.13\ Ns^2/m^8$,扇风机的特性见表 6.1。求扇风机的工况点及各条巷道的风量。

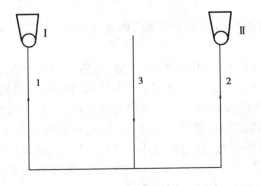

图 6.18　某通风系统

表 6.1　扇风机的特性

$Q/(\mathrm{m}^3 \cdot \mathrm{s}^{-1})$	15	20	25	30
$H_{\mathrm{I}}/\mathrm{Pa}$	540	450	320	190
$H_{\mathrm{II}}/\mathrm{Pa}$	1 000	950	840	670

任务 6.4　通风构筑物

任务目标

1.掌握通风构筑物的类型。

2.掌握各种通风构筑物的用途及适用场合。

任务描述

为了保证井下各个用风地点得到所需风量,一方面不得不在通风系统中设置一些通风构筑物(如风桥、挡风墙、风门等),以控制风流的方向和数量;另一方面要防止它们造成大量漏风或风流短路。因此,必须正确设计通风构筑物,合理选择位置,保证施工质量,严格管理制度,否则会破坏通风的稳定性,带来严重恶果。矿井通风构筑物是矿井通风系统中的风流调控设施,用以保证风流按生产需要的路线流动。凡用于引导风流、遮断风流和调节风量的装置,统称为通风构筑物。

通风构筑物可分为两大类:一类是通过风流的构筑物,包括主扇风硐、反风装置、风桥、导风板、调节风窗和风障;另一类是遮断风流的构筑物,包括挡风墙和风门等。

知识准备

(1)风桥

在进风与回风平面相遇的地点设置风桥,构成立体交叉风路,使进风与回风分开,互不相混。

服务年限很长,通过风量大于 20 m^3/s 的风桥,可用如图 6.19 所示的绕道式风桥,绕道须做在岩石中。服务年限较长,通过风量为 10~20 m^3/s 的风桥,可用如图 6.20 所示的混凝土或料石风桥,在以上两类永久性风桥前后 6 m 以内的巷道小,支架要加固,风轿两端接口要严密。四周要固定在实帮和实顶底之中,壁厚不小于 0.45 m,风桥断面不小于巷道断面的 4/5,呈流线型,坡度小于 25°。服务年限短,通过风量小于 10 m/s 的随时风桥,可用如图 6.21 所示的铁筒式风桥。铁筒直径不小于 750 mm,厚度不小于 5 mm,各类风桥都用不燃性材料建筑,漏风率不大于 2%,通风阻力不少于 150 Pa,风速不大于 10 m/s。

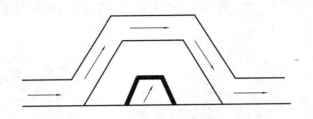

图 6.19　绕道式风桥

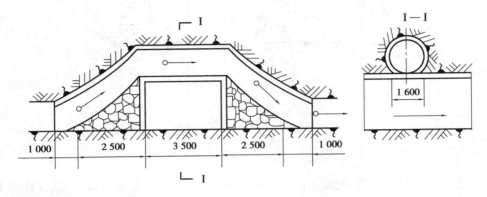

图 6.20　混凝土或料石风桥

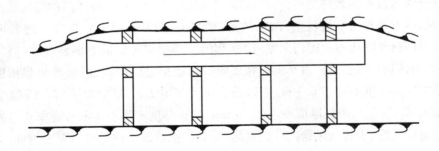

图 6.21　铁风筒风桥

(2)挡风墙(密闭)

在需要堵截风流和交通的巷道内,须设置挡风墙。按服务年限长短,挡风墙可分为永久性和临时性两种。

对于永久性的挡风墙,其结构如图 6.22 所示。需用不燃性材料(如砖、料石、水泥等)建筑,墙上部厚度不小于 0.45 m,下部不小于 1 m;挡风墙前后 5 m 以内的巷道支护要完好,用防腐支架;无积煤,无片帮、冒顶;四周掏槽,在煤中槽深不小于 1 m,在岩石中不小于 0.5 m;墙面要严、抹平、刷白、不漏风。密闭内有涌水时,应在墙上装设放水管以排出积水,放水管应制成U 形,利用水封防止放水管漏风。

临时性的挡风墙,由于服务期限短,可用木柱、木板、可塑性材料等建造。木板要用鱼鳞式搭接,用黄泥、石灰抹面无裂缝;基本不漏风;要设在帮顶良好处,四周要掏槽,在煤中槽深不小

135

于 0.5 m,在岩石中不小于 0.3 m,墙内外 5 m 巷道内支护良好,用防腐支架,无积煤;墙外要设置栅栏和警标。

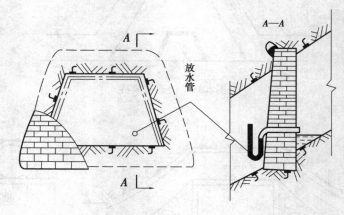

图 6.22　密闭

(3)风门

在人员和车辆可以通行、风流不能通过的巷道中,至少要建立两道风门,其间距要大于运输工具长度,以便一道风门开启时,另一道风门是关闭的。风门分为普通风门和自动风门。以行人为主、车辆运行不频繁的地点,可用单扇、木制的普通风门,这种风门的结构特点是门扇框呈斜面接触,接触处有可缩性衬垫,比较严密、结实,一般可使用 1.5～2 年。迎着风流方向用人力开启,靠门内外的压力差把门关紧;门框和门轴都要向关闭的方向斜 80°～85°,使风门能靠自重而关闭,门框下设门槛,过车的门槛要留有轨道穿过的槽缝;门墙两帮和相顶底都要掐掘槽,在煤中掘槽深度不小于 0.3 m,在岩石中不小于 0.2 m,槽中要填实。门墙厚度不小于 0.3 m,门板要错口接缝,木板厚度不小于 30 mm,铁板厚度不小于 2 mm,通车巷道的门槛下部设挡风帘,通过电缆、水管或风管的孔口要堵严;风门前后 5 m 内的巷道要支护好,无空帮和空顶;漏风率不大于 2%。

风门设置的具体要求如下:

①每组风门不少于两道,通车风门间距不小于一列车的长度,以防止列车通过时两道风门同时打开而造成风流短路;行人风门间距不小于 5 m;进、回风巷道之间反风门不少于两道。

②风门能自动关闭,通车及斜巷的风门如不能自动关闭要设专人负责开关;矿井总回风和采区回风系统的风门要装有监控闭锁装置。

③门框要包边沿口,并有可塑性衬垫,四周严密不漏风(通车的底槛除外),不透光;木板厚度不小于 30 mm,铁门厚度不小于 2 mm,安装时向关门方向倾斜 80°～85°,木制风门要错口穿带。

④风门墙要用不燃性材料建筑,厚度不小于 0.45 m,砂浆要灌满严密不漏风。

⑤门墙四周要掘槽,掘槽深度在煤中不小于 0.3 m,在岩石中不小于 0.2 m,抹平、抹严、刷白、不漏风。

⑥墙面平整、无裂缝、无重缝和空缝。

⑦风门墙有水巷道要设反水池;通车门要设底坎;电缆、管路孔要封严不漏风。

⑧风门墙前后 5 m 巷道支护良好、无淤泥、积水和杂物。

任务实施

（1）**任务准备**

课件,教案,多媒体设备。

（2）**重点梳理**

①风桥有哪几种形式? 各用于什么场合?

②挡风墙有哪几种形式? 各用于什么场合?

③设置风门的具体要求有哪些?

（3）**任务应用**

应用6.5　某通风系统如图 6.23 所示。已知, $R_1 = 0.5$ Ns^2/m^8, $R_2 = 1.0$ Ns^2/m^8, $R_3 = 0.2$ Ns^2/m^8, $R_r = 0.05$ Ns^2/m^8, 要求 $Q_1 = 40$ m^3/s, $Q_2 = 20$ m^3/s。试问调节风窗应设在哪条巷道中? 调节的风阻值为多少?

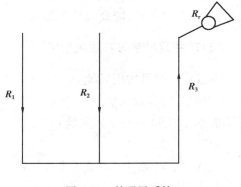

图 6.23　某通风系统

任务 6.5　矿井漏风及管理

任务目标

1.熟悉矿井漏风率及有效风量率的计算。

2.熟悉提高矿井有效风量的途径。

任务描述

采区内各个用风地点是矿井的主要供风对象,欲保证它们获得必需的新鲜风量,就必须尽力减少采区内外的各种漏风,除了减少通风构筑物的漏风外,还必须减少近距离的进风与回风井之间、主扇附近、箕斗井底与井口、地表塌陷区、采空区、充填区、安全煤柱、平行反向的进风巷与回风巷之间、掘进通风的风筒接头等处的漏风。大量的漏风不仅浪费矿井的通风电费,而且严重影响矿井的安全生产。因此,使矿井漏风减少到允许限值以下,是通风技术管理工作的重要内容之一。

知识准备

（1）矿井漏风的分类

矿井漏风按其地点可分为外部漏风与内部漏风，前者是指地表与井下之间的漏风，如主扇附近、箕斗井口等处的漏风；后者是指井下各处的漏风。

按漏风形式又可分为局部漏风与连续分布漏风，前者是指局限在一个地点的漏风，如风门、风桥、挡风墙等的漏风；后者是指在一个区段内风流沿途不断地漏风，以及采空区、掘进通风的风筒、纵向风墙、隔离煤柱等漏风。

（2）矿井漏风率与有效风量率

所有独立回风的用风地点（采掘工作面、硐室以及其他用风巷道等）实际得到的风量之和，称为矿井的有效风量 Q_R。相反，未送入用风地点就由通风机排出的总漏风，称为矿井的总漏风量 Q_L。主风机的工作风量 Q_f 为

$$Q_f = Q_R + Q_L \tag{6.2}$$

Q_R 和 Q_L 的绝对值不能用来比较各个矿井的漏风程度，须用矿井漏风率与矿井有效风量率作为比较标准。

上述 Q_L 包括矿井的外部漏风 Q_{Le} 和矿井的内部漏风量 Q_{Li}，即

$$Q_L = Q_{Le} + Q_{Li}$$

而 Q_{Le} 则是 Q_f 与抽出式通风时来自井下的总回风量（活压入式通风时进入井下的总进风量）Q_m 之差，即

$$Q_{Le} = Q_f - Q_m$$

Q_{Li} 是 Q_m 与 Q_R 之差，即

$$Q_{Li} = Q_m - Q_R$$

矿井的外部漏风率 P_{Le} 是 Q_{Le} 与 Q_f 的百分比，即

$$P_{Le} = \frac{Q_{Le}}{Q_f} \times 100\% = \left(\frac{Q_f - Q_m}{Q_f} \right) \times 100\% \tag{6.3}$$

装有风机的井口，其外部漏风率在无提升任务时，不得超过 5%；有提升任务时，不得超过 15%。

矿井的内部漏风率 P_{Li} 是 Q_{Li} 与 Q_f 的百分比，即

$$P_{Li} = \frac{Q_{Li}}{Q_f} \times 100\% = \left(\frac{Q_m - Q_R}{Q_f} \right) \times 100\% \tag{6.4}$$

矿井的总漏风率 P_L 是 P_{Le} 与 P_{Li} 之和，即

$$P_L = \frac{Q_L}{Q_f} \times 100\% = \left(\frac{Q_f - Q_R}{Q_f} \right) \times 100\% \tag{6.5}$$

矿井的有效风量 P_R 是 Q_R 与 Q_f 的百分比，即

$$P_{\mathrm{R}} = \frac{Q_{\mathrm{R}}}{Q_{\mathrm{f}}} \times 100\% \tag{6.6}$$

把实测值代入以上各式,便可算得各漏风率和有效风量率。

(3)提高矿井有效风量的途径

提高矿井有效风量是一项经济性的工作,它贯穿设计、施工和生产管理等方面。

①矿井的开拓方式、通风方式与开采方式对漏风有较大影响。在进风井与回风井的布置方式上,对角式的漏风比中央式的要小;中央分列式的漏风又比中央并列式的要小,在中央并列式中,用竖井开拓的漏风比斜井开拓的漏风情况要小,采用抽出式主风机时进风路线上的漏风比压入式主风机要小;在采区开采顺序和工作面的回采顺序方面,后退式的漏风情况比前进式要好;充填采煤法的漏风情况比冒落式采煤法要好;留煤柱开采的漏风情况比无煤柱开采要好;采区进风与回风道布置在岩层中的漏风情况比布置在煤层中要好。经验证明,对于自然发火严重的矿井,选用漏风少的开拓方式和开采方法尤为重要。

②采区内外所有通风构筑物(风门、风桥、挡风墙、主风机反风装置、防爆门、井口密闭、纵向风墙等)的漏风,一般是矿井总漏风的主要组成部分,故必须如前所述,除了认真设计选型、正确选择位置、保证施工质量外,还要加强日常检修,严格管理制度。

③要注意减少前进式回采的采空区漏风,除加强采空区的密封程度而外,还要尽可能减少平行反向的进风巷与回风巷之间影响漏风的能量差。为此,就要保持进风巷、工作面和回风巷各处有足够的断面,使沿程阻力较小。

④使用箕斗井提煤的矿井日益增多,但箕斗井一般不得兼作进风井或回风井。为此,箕斗井底的煤仓中必须留有足够的煤炭,防止大量漏风。箕斗井兼作回风井时,井上下装、卸装置和井塔都必须有完善的密封措施,其漏风率不超过15%。采区煤仓和溜煤眼内都要有一定的存煤,不得放空,以免大量漏风。

⑤抽出式通风的矿井,要注意减少地表塌陷区或浅部古窑向井下漏风。为此,必须查明塌陷区或古窑的分布情况,及时填堵它们和地表相通的裂缝或通道。

 任务实施

(1)任务准备

课件,教案,多媒体教室。

(2)重点梳理

①矿井漏风的分类有哪些?
②矿井漏风率如何计算?
③提高矿井有效风量的途径有哪些?

（3）任务应用

应用 6.6 某矿井井下有 3 个采煤工作面、4 个掘进工作面、4 个硐室，全部是独立通风。测得每一采煤工作面的风量均为 500 m³/min，每一进工作面的风量均为 240 m³/min，每一硐室的风量均为 80 m³/min，矿井的总进风量为 3 200 m³/min，矿井主通风机的风量为 3 400 m³/min。试求矿井的有效风量和漏风量。

项目 7
掘进通风

项目说明

在新建、扩建或生产矿井中,都需要开掘大量的井巷工程,以便准备开拓系统、新的采区及新的工作面。在掘进巷道时,为了稀释并排出掘进工作面涌出的有害气体及爆破后产生的炮烟和矿尘,创造良好的气候条件,保证人员的健康和安全,必须不断地对掘进工作面进行通风,这种通风称为掘进通风或局部通风。掘进通风是矿井通风的重要部分,本项目对掘进通风进行了详细介绍和分析。

任务 7.1　掘进通风方法

任务目标

1.熟悉各种掘进通风方法。

2.掌握局部通风机通风分类。

3.掌握局部通风机通风中压入式通风和抽出式通风各自特点和适用条件。

任务描述

掘进通风方法按通风动力形式不同,可分为局部通风机通风、矿井全风压通风和引射器通风3种。其中,局部通风机通风是最为常用的掘进通风方法。本任务介绍了各种掘进通风方法以及各自优缺点和适用条件。

知识准备

（1）局部通风机通风

局部通风机是井下局部地点通风所用的通风设备。局部通风机通风是利用局部通风机作动力,用风筒导风把新鲜风流送入掘进工作面。局部通风机通风按其工作方式不同,可分为压入式、抽出式和混合式3种。

1）压入式通风

压入式通风如图7.1所示。局部通风机和启动装置安设在离掘进巷道口10 m以外的进风侧巷道中,局部通风机把新鲜风流经风筒送入掘进工作面,污风沿掘进巷道排出。风流从风筒出口形成的射流属末端封闭的有限贴壁射流,如图7.2所示。气流贴着巷道壁射出风筒后,由于吸卷作用,射流断面逐渐扩大,直至射流的断面达到最大值,此段称为扩张段,用$L_扩$表示。

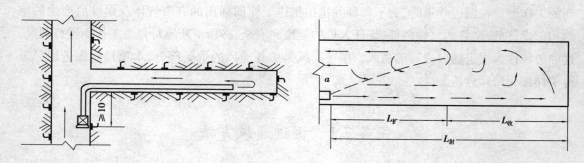

图7.1　压入式通风　　　　　　　　　　图7.2　有效贴壁射流

然后,射流断面逐渐缩小,直至为零,此段称收缩段,用$L_收$表示。风筒出口至射流反向的最远距离称为射流的有效射程,用$L_射$(m)表示。一般有

$$L_射 = (4 \sim 5)\sqrt{S} \qquad\qquad (7.1)$$

式中　S——巷道断面,m^2。

在有效射程以外的独头巷道会出现循环涡流区,为了有效地排出炮烟,风筒出口与工作面的距离应小于有效射程$L_射$。

压入式通风的优点是局部通风机和启动装置都位于新鲜风流中,不易引起瓦斯和煤尘爆炸,安全性好;风筒出口风流的有效射程长,排烟能力强,工作面通风时间短;既可用硬质风筒,又可用柔性风筒,适应性强。其缺点是:污风沿巷道排出,污染范围大;炮烟从掘进巷道排出的速度慢,需要的通风时间长。压入式通风适用于以排出瓦斯为主的煤巷、半煤岩巷掘进通风。

2）抽出式通风

抽出式通风如图7.3所示。局部通风机安装在离掘进巷道口10 m以外的回风侧巷道中,新鲜风流沿掘进巷道流入工作面,污风经风筒由局部通风机抽出。

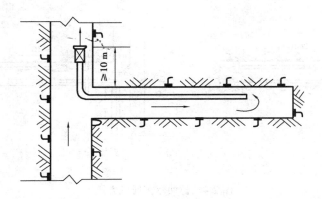

图 7.3　抽出式通风

抽出式通风在风筒吸入口附近形成一股流入风筒的风流,离风筒口越远风速越小。因此,只在距风筒口一定距离以内有吸入炮烟的作用,此段距离称为有效吸程,用 $L_{吸}$(m)表示。一般情况下,有

$$L_{吸} = 1.5\sqrt{S} \tag{7.2}$$

式中　S——巷道断面积,m^2。

在有效吸程以外的独头巷道循环涡流区,炮烟处于停滞状态。因此,抽出式通风风筒吸入口距工作面的距离应小于有效吸程,才能取得好的通风效果。

抽出式通风的优点是:污风经风筒排出,掘进巷道中为新鲜风流,劳动卫生条件好;放炮时人员只需撤到安全距离即可,往返时间短;而且所需排烟的巷道长度为工作面至风筒吸入口的长度,故排烟时间短,有利于提高掘进速度。其缺点是:风筒吸入口的有效吸程短,风筒吸风口距工作面距离过远则通风效果不好,过近则放炮时易崩坏风筒;因污风由局部通风机抽出,一旦局部通风机产生火花,将有引起瓦斯、煤尘爆炸的危险,安全性差。在瓦斯矿井中一般不使用抽出式通风。

3)混合式通风

混合式通风是一个掘进工作面同时采用压入式和抽出式联合工作。其中,压入式向工作面供新风,抽出式从工作面排出污风。按局部通风机和风筒的布设位置不同,可分为长抽短压、长压短抽和长压长抽 3 种方式。

①长抽短压

其布置方式如图 7.4(a)所示。工作面污风由压入式风筒压入的新风予以冲淡和稀释,由抽出式风筒排出。其具体要求是:抽出式风筒吸风口与工作面的距离应小于污染物分布集中带长度,与压入式风机的吸风口距离应大于 10 m 以上;抽出式风机的风量应大于压入式风机的风量;压入式风筒的出口与工作面间的距离应在有效射程之内。若采用长抽短压通风时,其中抽出式风筒须用刚性风筒或带刚性骨架的可伸缩风筒。若采用柔性风筒,则可将抽出式局部通风机移至风筒入口,改作压入式,如图 7.4(b)所示。

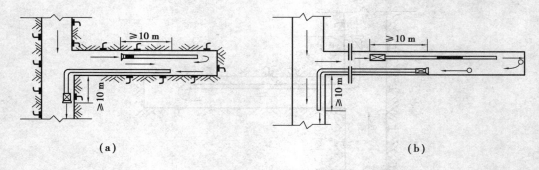

图 7.4　长抽短压通风方式

②长压短抽

其布置方式如图 7.5 所示。

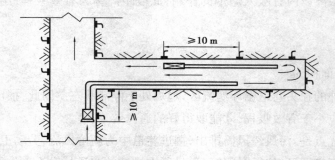

图 7.5　长压短抽通风方式

新鲜风流经压入式风筒送入工作面,工作面污风经抽出式通风除尘系统净化,被净化的风流沿巷道排出。抽出式风筒吸风口与工作面距离应小于有效吸程,对于综合机械化掘进,应尽可能靠近最大产尘点。压入式风筒出风口应超前抽出式风筒出风口 10 m 以上,它与工作面的距离应不超过有效射程。压入式通风机的风量应大于抽出式通风机的风量。

③混合式通风主要特点

混合式通风兼有抽出式与压入式通风的优点,通风效果好。主要缺点是:增加了一套通风设备,电能消耗大,管理也比较复杂;降低了压入式与抽出式两列风筒重叠段巷道内的风量。混合式通风适用于大断面、长距离岩巷掘进巷道中。煤巷综掘工作面多采用与除尘风机配套的长压短抽混合式。《规程》规定,煤巷、半煤岩巷的掘进如采用混合式通风时,必须制订安全措施。但在瓦斯喷出区域或煤(岩)与瓦斯突出煤层、岩层中,掘进通风方式不得采用混合式。

(2)矿井全风压通风

矿井全风压通风是直接利用矿井主通风机所造成的风压,借助风幛和风筒等导风设施将新风引入工作面,并将污风排出掘进巷道。矿井全风压通风的形式如下:

1)利用纵向风幛导风

如图 7.6 所示,在掘进巷道中安设纵向风幛,将巷道分隔成两部分:一侧进风,一侧回风。

选择风幛材料的原则应是漏风小、经久耐用、便于取材。短巷道掘进时,可用木板、帆布等材料;长巷道掘进时,用砖、石和混凝土等材料。纵向风幛在矿山压力作用下将变形破坏,容易产生漏风。当矿井主要通风机正常运转并有足够的全风压克服导风设施的阻力时,全风压能连续供给掘进工作面风量,无须附加局部通风机,管理方便,但其工程量大,有碍于运输。因此,只适用于地质构造稳定、矿山压力较小、长度较短,或使用通风设备不安全或技术上不可行的局部地点巷道掘进中。

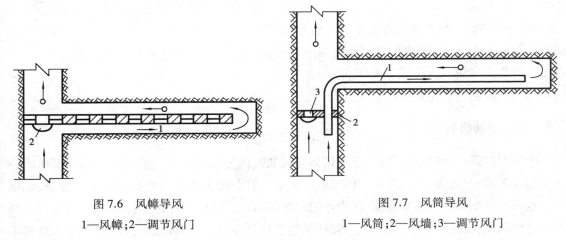

<table>
<tr><td>图 7.6　风幛导风</td><td>图 7.7　风筒导风</td></tr>
<tr><td>1—风幛;2—调节风门</td><td>1—风筒;2—风墙;3—调节风门</td></tr>
</table>

2)利用风筒导风

如图 7.7 所示,利用风筒将新鲜风流导入工作面,工作面污风由掘进巷道排出。为了使新鲜风流进入导风筒,应在风筒入口处的贯穿风流巷道中设置挡风墙和调节风门。利用风筒导风法辅助工程量小,风筒安装、拆卸比较方便,通常适用于需风量不大的短巷掘进通风中。

3)利用平行巷道通风

如图 7.8 所示,当掘进巷道较长,利用纵向风幛和风筒导风有困难时,可采用两条平行巷道通风。采用双巷掘进,在掘进主巷的同时,距主巷 10~20 m 平行掘一条副巷(或配风巷),主副巷之间每隔一定距离开掘一个联络眼,前一个联络眼贯后,后一个联络眼便封闭上。利用主巷进风,副巷回风,两条巷道的独头部分,可利用风筒或风幛导风。

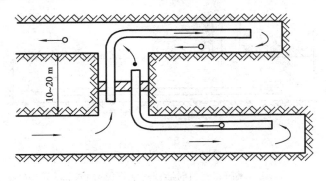

图 7.8　平行巷道导风

利用平行巷道通风,可缩短独头巷道的长度,不用局部通风机就可保证较长巷道的通风,连续可靠,安全性好。因此,平行巷道通风适用于有瓦斯、冒顶和透水危险的长巷掘进,特别适用于在开拓布置上为满足运输、通风和行人需要而必须掘进两条并列的斜巷、平巷或上下山的掘进中。

4)钻孔导风

如图 7.9 所示,离地表或邻近水平较近处掘进长巷反眼或上山时,可用钻孔提前沟通掘进巷道,以便形成贯穿风流。为克服钻孔阻力,增大风量,可利用大直径钻孔或在钻孔口安装风机。

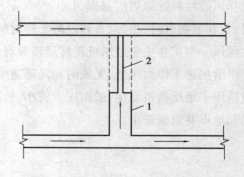

图 7.9 掘煤巷上山时的钻孔导风
1—上山;2—钻孔

(3)引射器通风

利用引射器产生的通风负压,通过风筒导风的通风方法称为引射器通风。引射器通风一般采用压入式,其布置方式如图 7.10 所示。利用引射器通风的主要优点是无电器设备、无噪声。水力引射器通风还能起降温、降尘作用。在煤与瓦斯突出严重的煤层掘进时,用它代替局部通风机通风,设备简单,比较安全。其缺点是供风量小,需要水源或压气。适用于需风量不大的短巷道掘进通风,也可在含尘量大、气温高的采掘机械附近,采取水力引射器与其他通风方法的混合式通风。

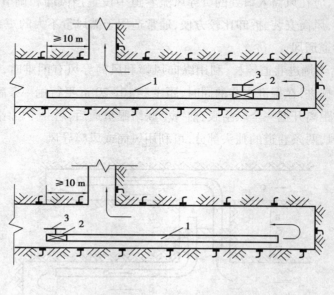

图 7.10 引射器通风
1—风筒;2—引射器;3—水管(或风管)

任务实施

（1）任务准备

局部通风及其附属设备,模拟矿井,通风相关测量设备,视频资料。

（2）重点梳理

①掘进通风类型。
②局部通风机通风中抽出式和压入式通风特点和适用条件。

（3）任务应用

应用 7.1   对学生进行分组,带入模拟矿井,选定模拟掘进工作面,首先连接好通风机和附属设备,启动压入式风机,观察压入式通风特点和风流规律。20 min 后,关闭压入式通风机,启动抽出式通风机,观察抽出式通风特点和风流规律。20 min 后,将抽出式和压入式全部启动,观察其特点和规律。最后关闭两个局部通风机,安装导风障,利用全矿井风压通风,观察其特点和规律(注:没有模拟矿井条件的可使用视频资料进行讲解)。

任务 7.2   局部通风设备

任务目标

1.了解局部通风机的常用类型和工作特点。
2.熟悉局部通风及联合工作规律。
3.熟悉风筒分类及常用风筒的适用条件。

任务描述

局部通风能否顺利进行,决定于通风机及风筒的可靠性,局部通风必须选择与其适应的风机、风筒及附属设备。本任务介绍局部通风所需要的通风动力、风筒及附属装置组成及各自特点。

知识准备

（1）局部通风机

井下局部地点通风所用的通风机称为局部通风机。掘进工作面通风要求通风机体积小、风压高、效率高、噪声低、性能可调、坚固防爆。

1)局部通风机的种类和性能

①JBT 系列局部通风机

JBT 系列局部通风机是以前煤矿中普遍使用的局部通风机,研制于 20 世纪 60 年代,其全风压效率只有 60%~70%,风量、风压偏低,噪声高达 103~118 dB(A),已逐渐被淘汰。

②BKJ66-11 系列局部通风机

BKJ66-11 型矿用局部通风机是沈阳鼓风机厂生产的新型局部通风机,其结构如图 7.11 所示。该系列通风机机号有 No.3.6,4.0,4.5,5.6,6.0,6.3 这 6 个规格。其性能特性曲线如图 7.12 所示,性能曲线参数表见表 7.1。

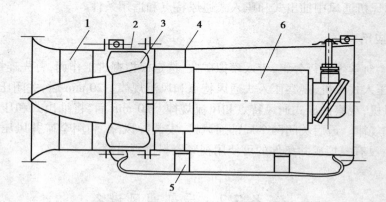

图 7.11 BKJ 系列局部通风机结构图

1—前风筒;2—主风筒;3—叶轮;4—后风筒;5—滑架;6—电动机

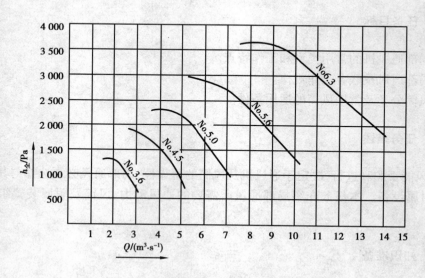

图 7.12 BKJ66-11 型局部通风机性能曲线图

表 7.1 BKJ66-11 型局部通风机性能参数表

型 号	风量/(m³·min⁻¹)	全风压/Pa	功率/kW	转速/(r·min⁻¹)	动轮直径/m
BKJ66-11No.3.6	80~150	600~1 200	2.5	2 950	0.36
BKJ66-11No.4.0	120~210	800~1 500	5.0	2 950	0.40
BKJ66-11No.4.5	170~300	1 000~1 900	8.0	2 950	0.45
BKJ66-11No.5.0	240~420	1 200~2 300	15	2 950	0.50
BKJ66-11No.5.6	330~570	1 500~2 900	22	2 950	0.56
BKJ66-11No.6.3	470~800	2 000~3 700	42	2 950	0.63

BKJ66-11 系列通风机的优点是:效率高,最高效率达 90%,且高效区宽,比 JBT 系列提高效率 15%~30%,耗电少;如用 BKJ66-11No.4.5 代替 JBT52-2 型,电动机功率可由 11 kW 降至 8 kW;噪声低,比 JBT 系列局部通风机降低 6~8 dB(A)。

③对旋式局部通风机

我国生产的对旋式局部通风机,其特点是噪声低、结构紧凑、风压高、流量大、效率高,部件通用化,使用安全,维修方便。根据不同通风要求,既可整机使用,又可分级使用,从而减少能耗。如图 7.13 所示为我国研制生产的 FDII 系列对旋轴流式通风机结构。

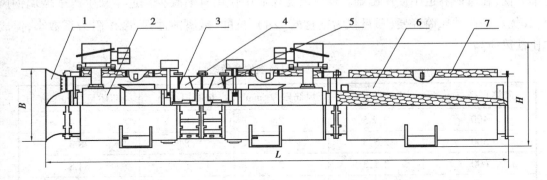

图 7.13 FDII 系列低噪声对旋轴流局部通风机结构

1—集流器;2—电机;3—机壳;4—I 级叶轮;

5—II 级叶轮;6—扩散器;7—消音层

2)局部通风机联合工作

①局部通风机的串联

当在通风距离长、风筒阻力大,一台局部通风机风压不能保证掘进需风量时,可采用两台或多台局部通风机串联工作。串联方式有集中串联和间隔串联。若两台局部通风机之间仅用较短(1~2 m)的铁质风筒连接,称为集中串联,如图 7.14(a)所示;若局部通风机分别布置在风筒的端部和中部,则称为间隔串联,如图 7.14(b)所示。

局部通风机串联的布置方式不同,沿风筒的压力分布也不同。集中串联的风筒全长均应处于正压状态,以防柔性风筒抽瘪,但靠近风机侧的风筒承压较高,柔性风筒容易胀裂,且漏风较大。间隔串联的风筒承压较低,漏风较少,但两台局部通风机相距过远时,其连接风筒可能出现负压段(见图7.14(c)),使柔性风筒抽瘪而不能正常通风。

②局部通风机并联

当风筒风阻不大,用一台局部通风机供风不足时,可采用两台或多台局部通风机集中并联工作。

(2)风筒

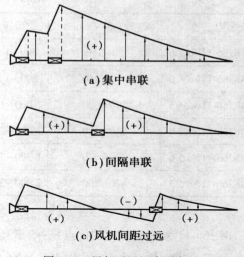

(a)集中串联

(b)间隔串联

(c)风机间距过远

图7.14 局部通风机串联布置

1)风筒的类型

掘进通风使用的风筒可分为硬质风筒和柔性风筒两类。

①硬质风筒

硬质风筒一般由厚2~3 mm的铁板卷制而成,常见的铁风筒规格见表7.2。铁风筒的优点是:坚固耐用,使用时间长,各种通风方式均可使用。其缺点是:成本高,易腐蚀,笨重,拆、装、运不方便,在弯曲巷道中使用困难。铁风筒在煤矿中使用日渐减少。近年来生产了玻璃钢风筒,其优点是比铁风筒轻便(质量仅为钢材的1/4),抗酸、碱腐蚀性强,摩擦阻力系数小,但成本比铁风筒高。

表7.2 铁风筒规格参数表

风筒直径/mm	风筒节长/m	风筒壁厚/mm	垫圈厚/mm	风筒质量/(kg·m⁻¹)
400	2,2.5	2	8	23.4
500	2.5,3	2	8	28.3
600	2.5,3	2	8	34.8
700	2.5,3	2.5	8	46.1
800	3	2.5	8	54.5
900	3	2.5	8	60.8
1 000	3	2.5	8	60.8

②柔性风筒

柔性风筒主要有帆布风筒、胶布风筒和人造革风筒等。常见的胶布风筒规格见表7.3。柔性风筒的优点是:轻便,拆装搬运容易,接头少。其缺点是:强度低,易损坏,使用时间短,且只能用于压入式通风。目前,煤矿中采用压入式通风时均采用柔性风筒。

表 7.3　胶布风筒规格参数表

风筒直径/mm	风筒节长/m	风筒壁厚/mm	垫圈厚/mm	风筒质量/(kg·m⁻¹)
300	10	1.2	1.3	0.071
400	10	1.2	1.6	0.126
500	10	1.2	1.9	0.196
600	10	1.2	2.3	0.283
800	10	1.2	3.2	0.503
1 000	10	1.2	4.0	0.785

随着综掘工作面的增多,混合式通风除尘技术得到了广泛应用,为了满足抽出式通风的要求,也为了充分利用柔性风筒的优点,带刚性骨架的可伸缩风筒得到了开发和应用,即在柔性风筒内每隔一定距离加一个钢丝圈或螺旋形钢丝圈。此种风筒能承受一定的负压,可用于抽出式通风,而且具有可伸缩的特点,比铁风筒使用方便。如图 7.15(a)所示为用金属整体螺旋弹簧钢丝为骨架的塑料布风筒。如图 7.15(b)所示为快速接头软带。风筒直径有 300,400,500,600,800 mm 等规格。

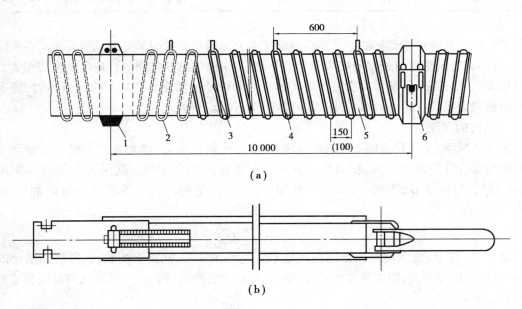

图 7.15　可伸缩风筒结构
1—圈头;2—螺旋弹簧;3—吊钩;4—塑料压条;
5—风筒布;6—快速弹簧接头

2)风筒的阻力

根据项目 3 的摩擦阻力计算公式,得

$$h_{摩} = \alpha \frac{LU}{S^3} Q^2 = \frac{64\alpha L}{\pi^2 D^5} Q^2$$

式中　D——风筒直径,m。

同直径的风筒的摩擦阻力系数 α 值可视为常数,金属风筒的 α 值可按表 7.4 选取,玻璃钢风筒的 α 值可按表 7.5 选取。

表 7.4　金属风筒摩擦阻力系数

风筒直径/mm	200	300	400	500	600	800
$\alpha \times 10^4/(\mathrm{Ns^2 \cdot m^{-4}})$	49	44.1	39.2	34.3	29.4	24.5

表 7.5　JZK 系列玻璃钢风筒摩擦阻力系数

风筒型号	JZK-800-42	JZK-800-50	JZK-700-36
$\alpha \times 10^4/(\mathrm{Ns^2 \cdot m^{-4}})$	19.6~21.6	19.6~21.6	19.6~21.6

表 7.6　胶布风筒的摩擦阻力系数与百米风阻值

风筒直径/mm	300	400	500	600	700	800	900	1 000
$\alpha \times 10^4/(\mathrm{Ns^2 \cdot m^{-4}})$	53	49	45	41	38	32	30	29
$R_{100}/(\mathrm{Ns^2 \cdot m^{-8}})$	412	314	94	34	14.7	6.5	3.3	2.0

柔性风筒和带刚性骨架的柔性风筒的摩擦阻力系数与其壁面承受的风压有关。在实际应用中,整列风筒风阻除与长度和接头等有关外,还与风筒的吊挂维护等管理质量密切相关。一般根据实测风筒百米风阻作为衡量风筒管理质量和设计的数据。在缺少实测资料时,胶布风筒的摩擦阻力系数 α 值与百米风阻 R_{100} 可参用表 7.6 所列数据。

3)风筒的漏风

正常情况下,金属和玻璃钢风筒的漏风,主要发生在接头处,胶布风筒不仅接头而且全长的壁面和缝合针眼都有漏风,所以风筒漏风属于连续的均匀漏风。漏风使局部通风机风量 $Q_{通}$ 与风筒出口风量 $Q_{出}$ 不等。因此,应该用始、末端风量的几何平均值作为风筒的风量 Q ($\mathrm{m^3/min}$),即

$$Q = \sqrt{Q_{通} \cdot Q_{出}} \qquad (7.3)$$

显然 $Q_{通}$ 与 $Q_{出}$ 之差就是风筒的漏风量 $Q_{漏}$,它与风筒种类,接头的数目、方法和质量以及风筒直径、风压等有关,但更主要的是与风筒的维护和管理密切相关。反映风筒漏风程度的指标参数如下:

①漏风率

风筒漏风量占局部通风机工作风量的百分数称为风筒漏风率 $\eta_{漏}$,即

$$\eta_{漏} = \frac{Q_{漏}}{Q_{通}} \times 100\% = \frac{Q_{通} - Q_{出}}{Q_{通}} \times 100\% \qquad (7.4)$$

$\eta_{漏}$ 虽能反映风筒的漏风情况,但不能作为对比指标。故常用百米漏风率 $\eta_{漏100}$ 表示,即

$$\eta_{漏100} = \frac{\eta_{漏}}{L} \times 100 \qquad (7.5)$$

式中　L——风筒全长,m。

一般要求柔性风筒的百米漏风率达到表 7.7 的数值。

表 7.7　柔性风筒的百米漏风率

通风距离/m	<200	200~500	500~1 000	1 000~2 000	>2 000
$\eta_{漏100}$/%	<15	<10	<3	<2	<1.5

②有效风量率

掘进工作面风量占局部通风机工作风量的百分数，称为有效风量率 $p_{有效}$，即

$$p_{有效} = \frac{Q_{出}}{Q_{通}} \times 100\% = \frac{Q_{通} - Q_{漏}}{Q_{通}} \times 100\% = (1 - \eta_{漏}) \times 100\% \tag{7.6}$$

③漏风系数

风筒有效风量率的倒数称为风筒漏风系数 $p_{漏}$。金属风筒的 $p_{漏}$ 值可计算为

$$p_{漏} = \left(1 + \frac{1}{3}KDn\sqrt{R_0 L}\right)^2 \tag{7.7}$$

式中　K——相当于直径为 1 m 的金属风筒每个接头的漏风率；法兰盘加草绳垫圈连接时 K = 0.002~0.002 6 $m^3/s \cdot Pa^{1/2}$，加胶质垫圈连接时 K = 0.003~0.001 6 $m^3/s \cdot Pa^{1/2}$；

　　　　D——风筒直径，m；

　　　　n——风筒接头数，个；

　　　　R_0——每米风筒的风阻，Ns^2/m^8；

　　　　L——风筒全长，m。

柔性风筒的 $p_{漏}$ 值可计算为

$$p_{漏} = \frac{1}{1 - n\eta_{接}} \tag{7.8}$$

式中　n——风筒接头数，个；

　　　　$\eta_{接}$——每个接头的漏风率，插接时 $\eta_{接}$ = 0.01~0.02；螺圈反边接头时 $\eta_{接}$ = 0.005。

任务实施

（1）任务准备

课件，局部通风机，帆布风筒 3 节，教学视频。

（2）重点梳理

①常见的局部通风机类型和性能。
②风筒连接。

（3）任务应用

应用 7.2　让学生根据提供的局部通风机，写出局部通风机的主要构造。

应用 7.3　对学生进行分组，3 人一组分别完成 3 节胶布风筒的正反边连接。在连接完成后，对风筒进行悬挂固定，连接风机，开启风机，查看是否连接牢固或扭曲变形。

任务7.3 掘进工作面风量计算

任务目标

1. 了解掘进工作面风量计算的依据。
2. 掌握掘进工作面风量计算的方法。
3. 掌握掘进工作面风速验算方法。

任务描述

掘进工作面风量是全矿井风量的重要组成部分,搞好全矿井通风必须科学计算掘进工作面风量。本任务对掘进工作面需风量进行了分析,按照掘进工作面需风量的影响因素进行了分析、计算,最后进行了风速验算,解决了掘进工作面风量的计算问题。

知识准备

掘进工作面需风量应满足《规程》对作业地点空气的成分、含尘量、气温、风速等规定要求,按下列因素计算:

(1)排出炮烟所需风量

1)压入式通风

当风筒出口到工作面的距离 $L_压 \leq L_射 = (4 \sim 5)\sqrt{S}$ 时,工作面所需风量或风筒出口的风量 $Q_需(\mathrm{m}^3/\mathrm{min})$ 应为

$$Q_需 = \frac{0.465}{t}\left(\frac{AbS^2L^2}{P_漏^2\ C_碳}\right)^{1/3} \tag{7.9}$$

式中　t——通风时间,一般取 20～30 min;

　　　A——同时爆破炸药量,kg;

　　　b——每千克炸药产生的 CO 当量,煤巷爆破取 100 L/kg,岩巷爆破取 40 L/kg;

　　　S——巷道断面积,m^2;

　　　L——巷道通风长度,m;

　　　$P_漏$——风筒始、末风量之比,即漏风系数;

　　　$C_碳$——一氧化碳浓度的允许值,%,$C_碳 = 0.02\%$。

2)抽出式通风

当风筒末端至工作面的距离 $L_抽 \leq L_吸 = 1.5\sqrt{S}$ 时,工作面所需风量或风筒入口风量 $Q_需$

（m^3/min）应为

$$Q_{需} = \frac{0.254}{t}\sqrt{\frac{AbSL_{抛}}{C_{碳}}} \tag{7.10}$$

式中　$L_{抛}$——炮烟抛掷长度，m。电雷管启动时，$L_{抛} = 15 + A/5$。

3）混合式通风

采用长抽短压混合式布置时，为防止循环风和维持风筒重叠段巷道具有最低的排尘或稀释瓦斯风速，则抽出式风筒的吸风量 $Q_{入}$（m^3/min）应大于压入式风筒出口风量 $Q_{出}$，即

$$Q_{入} = (1.2 \sim 1.25)\, Q_{出}$$

或

$$Q_{入} = Q_{出} + 60vS \tag{7.11}$$

式中　v——最低排尘风速 0.15~0.25 m/s，最低稀释瓦斯风速 0.5 m/s；

　　　S——风筒重叠段的巷道断面积，m^2。

式（7.11）中，压入式风筒出口风量 $Q_{出}$（m^3/min）可按式（7.9）计算。式中，L 改为抽出式风筒吸风口到工作面的距离 $L_{距}$，并且因压入式风筒较短，式中 $P_{漏} \approx 1$，故

$$Q_{出} = \frac{0.465}{t}\left(\frac{AbS^2L_{距}^2}{C_{碳}}\right)^{1/3} \tag{7.12}$$

（2）排除瓦斯所需风量

在有瓦斯涌出的巷道掘进工作面内，其所需风量应保证巷道内任何地点瓦斯浓度不超限。其值可计算为

$$Q_{瓦} = \frac{100K_{CH_4}Q_{CH_4}}{C_{CH_4} - C_{进CH_4}} \tag{7.13}$$

式中　$Q_{瓦}$——排出瓦斯所需风量，m^3/min；

　　　Q_{CH_4}——巷道瓦斯绝对涌出总量，m^3/min；

　　　C_{CH_4}——最高允许瓦斯浓度，%；

　　　$C_{进CH_4}$——进风流中的瓦斯浓度，%；

　　　K_{CH_4}——瓦斯涌出不均匀系数，取 1.5~2.0。

（3）排出矿尘所需风量

风流的排尘风量可计算为

$$Q_{尘} = \frac{G}{G_{高} - G_{基}} \tag{7.14}$$

式中　$Q_{尘}$——排尘所需风量，m^3/min；

　　　G——掘进巷道的产尘量，mg/min；

　　　$G_{高}$——最高允许含尘量，当矿尘中含游离 SiO_2 大于 10% 时，为 2 mg/m^3；小于 10% 时，

　　　　　　为 10 mg/m^3；对含游离 SiO_2 大于 10% 的水泥粉尘，为 6 mg/m^3；

$G_{基}$——进风流中基底含尘量,一般要求不超过 0.5 mg/m³。

（4）按风速验算风量

岩巷按最低风速 0.15 m/s 或 $Q \geqslant 9S(\text{m}^3/\text{min})$ 验算。半煤岩和煤巷按不能形成瓦斯层的最低风速 0.25 m/s 或 $Q \geqslant 15S(\text{m}^3/\text{min})$ 验算。

掘进巷道需风量,原则上应按排除炮烟、瓦斯、矿尘诸因素分别计算,取其中最大值,然后按风速验算,而在实际工作中一般按通风的主要任务计算风量。如有大量瓦斯涌出的巷道,则按瓦斯因素计算;无瓦斯涌出的岩巷,则按炮烟和矿尘因素计算;综掘煤巷按矿尘和瓦斯因素计算。

任务实施

（1）任务准备

课件,《煤矿安全规程》,多媒体设备。

（2）重点梳理

①掘进需风量计算依据及计算方法。
②掘进工作面风量验算。

（3）任务应用

应用 7.4 某岩巷掘进长度为 250 m,断面为 8 m²,风筒漏风系数为 1.18,一次爆破炸药量为 10 kg,采用压入式通风,通风时间为 20 min,求该掘进工作面所需风量。

应用 7.5 某岩巷掘进长度为 300 m,断面为 6 m²,一次爆破最大炸药量 10 kg,采用抽出式通风,通风时间为 15 min,求该掘进工作面所需风量。

应用 7.6 某岩巷掘进长度 1 200 m,用混合式(长抽短压)通风,断面为 8 m²,一次爆破炸药量 10 kg,抽出式风筒距工作面 40 m,通风时间 20 min。试计算工作面需风量和抽出式风筒的吸风量。

任务 7.4 掘进通风系统设计

任务目标

1.了解掘进通风设计基本原则。
2.掌握掘进通风设计基本步骤和选型。

任务描述

本任务要求根据开拓、开采巷道布置、掘进区域煤岩层的自然条件以及掘进工艺,确定合理的局部通风方法及其布置方式,选择风筒类型和直径,计算风筒出入口风量,计算风筒通风阻力,选择合适的局部通风机。

知识准备

(1)局部通风系统的设计原则

局部通风是矿井通风系统的一个重要组成部分,其新风取自矿井主风流,其污风又排入矿井主风流。其设计原则可归纳如下:

①在矿井和采区通风系统设计中应为局部通风创造条件。

②局部通风系统要安全可靠、经济合理和技术先进。

③尽量采用技术先进的低噪声、高效型局部通风机,如对旋式局部通风机。

④压入式通风宜用柔性风筒,抽出式通风宜采用带刚性骨架的可伸缩风筒或完全刚性的风筒。

⑤当一台局部通风机不能满足通风要求时,可考虑选用两台或多台局部通风机联合运行。

(2)局部通风设计步骤和选型

局部通风设计步骤如下:

①确定局部通风系统,绘制掘进巷道局部通风系统布置图。

②按通风方法和最大通风距离,选择风筒类型与风筒直径。

③计算风机风量和风筒出口或入口风量。

④按掘进巷道通风长度变化,分阶段计算局部通风系统总阻力。

⑤按计算所得局部通风机设计风量和风压,选择局部通风机。

⑥按矿井灾害特点,选择配套安全技术装备。

1)风筒的选择

选用风筒要与局部通风机选型一并考虑。其原则如下:

①风筒直径能保证最大通风长度时,局部通风机供风量能满足工作面通风的要求。

②在巷道断面允许的条件下,尽可能选择直径较大的风筒,以降低风阻,减少漏风,节约通风电耗;一般来说,立井凿井时,选用 600~1 000 mm 的铁风筒或玻璃钢风筒;通风长度在200 m以内,宜选用直径为 400 mm 的风筒;通风长度 200~500 m,宜选用直径 500 mm 的风筒;通风长度 500~1 000 m,宜选用直径 800~1 000 mm 的风筒。

2)局部通风机的选型

已知井巷掘进所需风量和所选用的风筒,即可计算风筒的通风阻力。根据风量和风筒的通风阻力,在可选择的各种通风动力设备中选用合适的设备。

①确定局部通风机的工作参数

根据掘进工作面所需风量 $Q_需$ 和风筒的漏风情况,可计算通风机的工作风量 $Q_通$ 为

$$Q_通 = p_漏 Q_需 \tag{7.15}$$

式中　$Q_通$——局部通风机的工作风量,m^3/min;

　　　$Q_需$——掘进工作面需风量,m^3/min;

　　　$P_漏$——风筒的漏风系数。

压入式通风时,设风筒出口动压损失为 $h_动$,则局部通风机全风压 $H_全(Pa)$,即

$$H_全 = R_风 Q_需 Q_通 + h_动$$

$$= R_风 Q_需 Q_通 + 0.811\rho \frac{Q_需^2}{D^4} \tag{7.16}$$

式中　$R_风$——压入式风筒的总风阻,Ns^2/m^8;

　　　$h_动$——风筒出口动压损失,Pa;

　　　ρ——空气密度,kg/m^3;

　　　D——局部通风机叶轮直径,其余符号含义同式(7.15)。

抽出式通风时,设风筒入口局部阻力系数 $\xi_风 = 0.5$,则局部通风机静风压 $H_静(Pa)$ 为

$$H_静 = R_风 Q_通 Q_需 + 0.406\rho \frac{Q_需^2}{D^4} \tag{7.17}$$

式中　$H_静$——局部通风机静风压,Pa;

　　　$\xi_风$——风筒入口局部阻力系数;

其余符号含义同式(7.16)。

②选择局部通风机

根据需要的局部通风机的工作风量 $Q_通$、局部通风机全压 $H_通$ 的值,在各类局部通风机特性曲线上,确定局部通风机的合理工作范围,选择长期运行效率较高的局部通风机。

现场通常根据经验选取局部通风机。表 7.8 为开滦、鸡西、淮南等矿区炮掘工作面局部通风机与风筒配套使用的经验数据。

表 7.8　局部通风机和风筒配套经验数据

通风距离 /m	掘进工作面有效风量/ ($m^3 \cdot min^{-1}$)	选用风筒 /mm	选用局部通风机				备　注
			BKJ 型	JBT 型	功率/kW	台数	
<200	60~70	385	BKJ60-No.4	JBT-41	2	1	
300	60~70	385	2BKJ60-No.4	JBT-42	4	1	
<300	120	460~485	BKJ56-No.5	JBT-51	5.5	1	
300~500	60~70	460~485	BKJ56-No.5	JBT-51	5.5	1	
	120	460~485	2BKJ56-No.5	JBT-52	11	1	
	120	600	BKJ56-No.5	JBT-51	5.5	1	

续表

通风距离 /m	掘进工作面有效风量/ $(m^3 \cdot min^{-1})$	选用风筒 /mm	选用局部通风机				备注
			BKJ 型	JBT 型	功率/kW	台数	
500~1 000	60~70	460~485	2BKJ56-No.5	JBT-51	11	1	
	60~70	600	BKJ56-No.5	JBT-52	5.5	1	
	120	600	2BKJ56-No.5	JBT-51	11	1	
>1 000	60~70	600	2BKJ56-No.5		11	1	节长 50 m
1 500	250	800	2BKJ56-No.6	JBT-62	28	1	
2 000	500	1 000	2BKJ56-No.6		28	2	

任务实施

(1)任务准备

课件,设计资料,多媒体设备。

(2)重点梳理

①掘进通风设计基本原则。
②掘进通风设计基本步骤和风机选型。

(3)任务应用

应用 7.7 掘进工作面通风设计。

1)工程概述

本设计依据《1121(3)综采工作面平、断面图》《煤矿安全规程》以及该区域瓦斯涌出资料编制而成,用于1121(3)上风巷及切眼掘进时的局部通风工作,确保掘进期间通风安全(见表7.9)。

表 7.9 掘进巷道参数表

巷道名称	设计长度	净断面	瓦斯风排量
1121(3)上风巷	910.7 m	11.76 m²	0.8 m³/min
1121(3)切眼	136.6 m	8.32 m²	0.8 m³/min

2)局部通风系统及通风方式

①局部通风系统

新鲜风流→东→付巷→东→13 槽煤上山→局扇、风筒→1121(3)上风巷掘进面→1121

(3)上风巷→联巷→东→13 槽西煤上山→东→13 槽总回风道→1#,2#回风石门→东风井。

159

②通风方式

采用局部通风机压入式通风。

3）风筒的选择、安装、使用及维护

①风筒的选择

选用直径分别为 ϕ800 mm 的胶质、阻燃、抗静电风筒。

②风筒的安装、使用及维护

a.风筒的吊挂应在皮带机一侧的巷帮上，且距皮带机 800 mm 以上，严禁刮风筒。

b.风筒必须环环吊挂，有洞必补，采取双反边接头，严禁花接，且吊挂平直，转弯时要使用弯头，不准拐死弯。

c.风筒出口距迎头不得大于 5 m。

依据以上基本资料，按照工作面最大工作人数为 30 人，忽略按炸药量计算风量，完成掘进工作面风量计算及局部通风机选型工作。

项目 8
矿井通风设计

 项目说明

    矿井通风设计是整个矿井设计的主要组成部分,是保证矿井安全生产的重要一环。矿井通风设计的基本任务是建立一个安全可靠、技术先进、经济合理的矿井通风系统。矿井通风设计分为新建矿井通风设计与生产矿井通风设计两种。对于新建矿井通风设计,既要考虑当前的需要,又要考虑矿井的长远发展。对于生产矿井通风设计,必须在调查研究的基础上,充分考虑矿井生产的特点和发展规划,尽量利用原有井巷与通风设备,在原有基础上提出更完善、更切合实际的通风设计。设计必须贯彻和遵守党和国家的技术经济政策、规程、规范及相关规定。

    新建矿井通风设计一般分为基建和生产两个时期,并分别进行设计。

    矿井基建时期的通风多用局部通风机对独头巷道进行通风。当主要进、回风井筒贯通、主要通风机安装完毕后,便可用主要通风机对已开凿的井巷实行全风压通风,从而可缩短其余井巷与硐室掘进时局部通风的距离。

    矿井生产时期通风设计,根据矿井生产年限的长短而采用不同的方法。矿井服务年限不长时(15~20 年),只做一次通风设计。矿井服务年限较长时,考虑到通风机设备选型、矿井所需风量、风压的变化等因素,分为两期进行通风设计:第一期为矿井生产初期(如第一水平),对该时期内通风容易和通风困难两种情况做详细的设计;第二期为矿井生产后期(如第二水平),该时期的通风设计只做一般原则规划,但对矿井通风系统,应根据矿井整个生产时期的技术经济因素,做出全面考虑,使确定的通风系统既可适应现时生产要求,又能照顾长远的生产发展与变化。

    矿井通风设计的内容包括:确定矿井通风系统;矿井总风量的计算和分配;矿井通风阻力计算;选择通风设备;概算矿井通风费用。

    矿井通风设计的主要依据是:矿区气象资料;井田地质地形;煤层瓦斯风化带垂深、各煤层瓦斯含量、瓦斯压力及梯度等;煤层自然发火倾向,发火周期;煤尘爆炸危险性及爆炸指数;矿井设计生产能力及服务年限;矿井开拓方式及采区巷道布置,回采顺序、开采方法;矿井巷道断面图册;矿区电费等。

    矿井通风设计应满足以下要求:

①将足够的新鲜空气有效地送到井下工作场所,保证生产和创造良好的工作条件。

②通风系统简单、风流稳定、易于管理,具有抗灾能力。

③发生事故时,风流易于控制,人员便于撤出。

④有符合规定的井下安全与环境监测系统或检测措施。

⑤系统的基建投资省、营运费用低、综合经济效益好。

任务8.1 矿井通风系统确定

任务目标

1.熟悉矿井通风系统的基本要求。

2.熟悉确定矿井通风系统的方法。

任务描述

矿井通风系统主要是进风井与回风井的布置方式,矿井风流路线,矿井主要通风机的工作方法,这是矿井通风设计的基础。

矿井通风系统应和矿井的开拓、开采设计一起考虑,并通过技术、经济比较之后确定。确定的通风系统,应符合投产快、出煤多、安全可靠、技术经济指标合理等原则。本任务对矿井通风系统确定的要求和方法进行了介绍。

知识准备

(1)矿井通风系统的基本要求

①每个矿井必须至少要有两个能行人的通达地面的安全出口,各个出口之间的距离不得少于30 m。新建和改扩建矿井,如果采用中央式通风时,还要在井田边界附近设置安全出口;当井田一翼走向较长,矿井发生灾害不能保证人员安全撤出时,必须掘出井田边界附近的安全出口。井下每一个水平到上一个水平和每个采区至少都必须有两个便于行人的安全出口,并与通达地面的安全出口相连通。通到地面的两个安全出口和两个水平间的安全出口,都必须有便于行人的设施(台阶和梯子间等)。

②风井位置要在洪水位标高以上(大中型矿井考虑百年一遇、小型矿井50年一遇),进风井口须避免污染空气进入,距有害气体源的地点不得小于500 m。井口工程地质及井筒施工地质条件简单,占地少、压煤少,交通方便,便于施工。

③箕斗提升井一般不应兼作进风井或出风井。如果井上下装卸载装置和井塔有完善的封闭措施,其漏风不超过15%,并有可靠的防尘措施,箕斗井可兼作出风井;若井筒中风速不超过6 m/s,有可靠的降尘措施,保证粉尘浓度符合工业卫生标准,箕斗井可兼作进风井。胶带输送机斜井一般不得兼作风井。如果胶带输送机斜井中的风速不超过4 m/s,并有可靠的防

尘措施和防火措施,可兼作进风井;如果胶带输送机斜井中的风速不超过 6 m/s,并装有甲烷断电仪,可兼做回风井。

④所有矿井都要采用机械通风,主要通风机必须安装在地面上。新建矿井不宜在同一井口选用几台主要通风机联合运转。

⑤不宜把两个可独立通风的矿井合并为一个通风系统;若有几个出风井,则自采区到各个出风井的风流需保持独立;各工作面的回风在进入采区回风道之前、各采区的回风在进入回风水平之前都不能任意贯通;下水平的回风流和上水平的进风流必须严格隔开;在条件允许时,要尽量使总进风早分开,总回风晚汇合。

⑥采用分区式(多台主要通风机)通风时,为了保证联合运转的稳定性,总进风道的断面不宜过小,尽可能减少公共风路的风阻;各分区主要通风机的回风流、(中央主要通风机)每一翼的回风流都必须严格隔开。

⑦尽可能降低通风阻力。尽量采用并联通风,并使主要并联风路的风压接近相等,以避免过多的风量调节。尽可能利用旧巷道通风。

⑧尽可能避免设置大量风桥和风门或采用容易引起大量漏风的通风系统。

⑨井下爆炸材料库必须有单独的进风流,回风必须引进矿井主要回风道。井下充电硐室必须独立通风,回风风流应引入回风巷。

(2)确定矿井通风系统的方法

依据矿井通风设计的条件,提出多个技术上可行的方案。首先根据矿井生产实际,选定 2~3 个技术上可行,且符合安全要求的方案进行经济比较,将最优方案确定为设计方案。矿井通风系统应具有较强的抗灾能力,当井下一旦发生灾害性事故后,所确定的通风系统能将灾害控制在最小范围,并能迅速恢复生产。

 任务实施

(1)任务准备

课件,多媒体设备,视频资料等。

(2)重点梳理

①拟订矿井通风系统的基本要求。
②确定矿井通风系统的方法。

(3)任务应用

应用 8.1　对学生进行分组,讨论矿井通风系统基本要求每条规定的内涵和意义。
应用 8.2　分组讨论各种矿井通风方法和矿井通风方式优缺点和适用条件。

任务 8.2　计算和分配矿井总风量

任务目标

1. 掌握矿井总风量的组成。
2. 掌握矿井总风量的计算方式。
3. 掌握矿井风量分配的原则和方法。

任务描述

矿井通风设计的最重要之一就是风量计算与分配,风量计算必须首先弄清楚矿井需风地点。井下的需风地点是具有独立通风需要的地点,主要包括采掘工作面、独立通风的硐室和独立回风的行人巷道等。另外,全矿井的需风量还需要满足井下工作最大人数。全矿井风量计算完成后,将风量按照需要进行合理分配。本任务主要解决这些问题。

知识准备

(1)矿井需风量的计算原则

矿井需风量应按照"由里往外"的计算原则,由采、掘工作面、硐室和其他用风地点的实际最大需风量总和,再考虑一定的备用风量系数后,计算出矿井总风量。

①按该用风地点同时工作的最多人数计算,每人每分钟供给风量不得少于 4 m^3。

②按该用风地点风流中的瓦斯、二氧化碳和其他有害气体浓度、风速以及温度等都符合《煤矿安全规程》的有关规定分别计算,取其最大值。

(2)矿井需风量的计算方法

矿井所需风量按下面的方法计算,并取其中最大值。

1)按井下同时工作的最多人数计算

其计算公式为

$$Q_{矿} = 4NK \tag{8.1}$$

式中　$Q_{矿}$——矿井总供风量,m^3/min;

　　　N——井下同时工作的最多人数,人;

　　　4——每人每分钟供风标准,m^3/min;

　　　K——矿井通风系数,包括矿井内部漏风和分配不均匀等因素。采用压入式和中央并列式通风时,可取 1.20~1.25;采用中央分列式或混合式通风时,可取 1.15~1.20;采用对角式或区域式通风时,可取 1.10~1.15。上述备用系数在矿井产量 $T \geq$ 0.9 Mt/a时取小值;$T < 0.90$ Mt/a 时取大值。

2)按采煤、掘进、硐室等处实际需风量计算

①采煤工作面需风量的计算

采煤工作面的需风量应按下面的因素分别计算,并取其中最大值。

A.按瓦斯(二氧化碳)涌出量计算

$$Q_采 = 100 Q_{CH4} K_{CH_4}$$　　　　　　　　　　　　　　(8.2)

式中　$Q_采$——采煤工作需要风量,m^3/min;

　　　Q_{CH_4}——采煤工作面瓦斯(二氧化碳)绝对涌出量,m^3/min;

　　　K_{CH_4}——采煤工作面因瓦斯(二氧化碳)涌出量不均匀的备用风量系数,即该工作面瓦斯绝对涌出量的最大值与平均值之比。通常,机采工作面可取 1.2~1.6;炮采工作面可取 1.4~2.0;水采工作面可取 2.0~3.0。生产矿井可根据各个工作面正常生产条件时,至少进行 5 昼夜的观测,得出 5 个比值,取其最大值。

B.按工作面进风流温度计算

采煤工作面应有良好的气候条件,其进风流温度可根据风流温度预测方法进行计算。其气温与风速应符合表 8.1 的要求。

表 8.1　采煤工作面空气温度与风速对应表

采煤工作面进风流气温/℃	采煤工作面风速/($m \cdot s^{-1}$)
<15	0.3~0.5
15~18	0.5~0.8
18~20	0.8~1.0
20~23	1.0~1.5
23~26	1.5~1.8

采煤工作面的需风量可计算为

$$Q_采 = 60 v_采 S_采 K_采$$　　　　　　　　　　　　　　(8.3)

式中　$v_采$——采煤工作面适宜风速,m/s;

　　　$S_采$——采煤工作面平均有效断面,按最大和最小控顶有效断面的平均值计算,m^2;

　　　$K_采$——采煤工作面长度风量系数,按表 8.2 选取。

表 8.2　采煤工作面长度风量系数表

采煤工作面长度/m	工作面长度风量系数
<50	0.8
50~80	0.9
80~120	1.0
120~150	1.1
150~180	1.2
>180	1.30~1.40

C.按炸药使用量计算

$$Q_采 = 25A_采 \tag{8.4}$$

式中　25——每使用 1 kg 炸药的供风量,m^3/min;

$A_采$——采煤工作面一次炸破使用的最大炸药量,kg。

D.按工作人员数量计算

$$Q_采 = 4n_采 \tag{8.5}$$

式中　4——每人每分钟应供给的最低风量,m^3/min;

$n_采$——采煤工作面同时工作的最多人数,人。

E.按风速验算

按最低风速验算各个采煤工作面的最小风量为

$$Q_采 \geqslant 60 \times 0.25 \times S_采 \tag{8.6}$$

按最高风速验算各个采煤工作面的最大风量为

$$Q_采 \leqslant 60 \times 4 \times S_采 \tag{8.7}$$

采煤工作面有串联通风时,按其中一个最大需风量计算。备用工作面也按上述要求,并满足瓦斯(二氧化碳)、风流温度和风速等规定计算需风量,且不得低于其回采时需风量的 50%。

②掘进工作面需风量计算

煤巷、半煤岩巷和岩巷掘进工作面的风量,应按下面因素分别计算,取其最大值。

A.按瓦斯(二氧化碳)涌出量计算

$$Q_掘 = 100Q_{CH4}K_掘 \tag{8.8}$$

式中　$Q_掘$——掘进工作面实际需风量,m^3/min;

Q_{CH4}——掘进工作面平均绝对瓦斯涌出量,m^3/min;

$K_掘$——掘进工作面因瓦斯涌出量不均匀的备用风量系数。即掘进工作面最大绝对瓦斯涌出量与平均绝对瓦斯涌出量之比。通常,机掘工作面取 1.5~2.0;炮掘工作面取 1.8~2.0。

B.按炸药使用量计算

$$Q_掘 = 25A_掘 \tag{8.9}$$

式中　25——使用 1 kg 炸药的供风量,m^3/min;

$A_掘$——掘进工作面一次爆破所用的最大炸药量,kg。

C.按局部通风机吸风量计算

$$Q_掘 = Q_通 IK_通 \tag{8.10}$$

式中　$Q_掘$——掘进工作面局部通风机额定风量,m^3/min;

I——掘进工作面同时运转的局部通风机台数,台;

$K_通$——防止局部通风机吸循环风的风量备用系数,一般取 1.2~1.3,进风巷中无瓦斯涌出时取 1.2,有瓦斯涌出时取 1.3。

表 8.3 列举了 JBT 系列风机的额定风量。

表 8.3 局部通风机额定风量

风机型号	额定风量/$(m^3 \cdot min^{-1})$
JBT-51(5.5 kW)	150
JBT-52(11 kW)	200
JBT-61(14 kW)	250
JBT-62(28 kW)	300

D.按工作人员数量计算

$$Q_{掘} = 4n_{掘} \tag{8.11}$$

式中 $n_{掘}$——掘进工作面同时工作的最多人数,人。

E.按风速进行验算

岩巷掘进工作面的风量应满足

$$60 \times 0.15 \times S_{掘} \leq Q_{掘} \leq 60 \times 4 \times S_j$$

煤巷、半煤岩巷掘进工作面的风量应满足

$$60 \times 0.25 \times S_{掘} \leq Q_{掘} \leq 60 \times 4 \times S_j$$

式中 $S_{掘}$——掘进工作面巷道过风断面积,m^2。

③硐室需风量

各个独立通风的硐室供风量,应根据不同的硐室分别计算。

A.井下爆炸材料库

按库内空气每小时更换 4 次计算为

$$Q_{硐} = \frac{40V}{60} \tag{8.12}$$

式中 $Q_{硐}$——炸破材料库供风量,m^3/min;

V——炸破材料库总容积,m^3。

B.充电硐室

按其回风流中氢气浓度小于 0.5% 计算为

$$Q_{硐} = 200q_{H2} \tag{8.13}$$

式中 q_{H2}——充电硐室在充电时产生的氢气量,m^3/min。

通常充电硐室的供风量不得小于 100 m^3/min。

C.机电硐室

按硐室中运行的机电设备发热量计算为

$$Q_{硐} = \frac{3\ 600 \times \theta \sum W}{60\rho C_p \Delta t} \tag{8.14}$$

式中 $\sum W$——机电硐室中运转的电动机(变压器)总功率(按全年中最大值计算),kW;

θ——机电硐室发热系数,可依据实测由机电硐室内机械设备运转时的实际发热量转换为相当于电器设备容量作无用功的系数确定,也可按表 8.4 选取;

ρ——空气密度,一般取 $\rho = 1.2$ kg/m^3;

C_p——空气的定压比热,一般可取 $C_p = 1.000$ kJ/(kg·k);

Δt——机电硐室回风流与进风流温度差,℃;

3 600——热功当量,1 kW·h = 3 600 kJ。

表 8.4 机电硐室发热系数 θ 表

机电硐室名称	发热系数 θ
空气压缩机房	0.15~0.23
水泵房	0.01~0.04
变电所、绞车房	0.02~0.04

采区小型机电硐室,可按经验值确定风量。一般为 60~80 m³/min。

④其他巷道需风量计算

井下其他巷道的需风量,应根据巷道的瓦斯(二氧化碳)涌出量和风速分别计算,并取其中的最大值。

A.按瓦斯(二氧化碳)涌出量计算

$$Q_它 = 133 Q_它 K_它 \tag{8.15}$$

式中 $Q_它$——其他巷道需风量,m³/min;

$Q_它$——用风巷道的绝对瓦斯(二氧化碳)涌出量,m³/min;

$K_它$——其他巷道因瓦斯涌出不均匀的备用风量系数,一般取 $k_它 = 1.1~1.3$。

B.按最低风速验算

$$Q_它 \geq 60 \times 0.15S \tag{8.16}$$

式中 S——井巷净断面积,m²。

新建矿井,其他用风巷总需风量难以计算时,也可按采煤、掘进、硐室的需风量总和的3%~5%估算。

⑤矿井总风量计算

矿井总进风量应按采煤、掘进、独立通风硐室及其他地点实际需风量的总和计算,即

$$Q_矿 = \left(\sum Q_采 + \sum Q_掘 + \sum Q_硐 + \sum Q_它 \right) \cdot K \tag{8.17}$$

式中 $\sum Q_采$——采煤工作面、备用工作面需风量之和,m³/min;

$\sum Q_掘$——掘进工作面需风量之和,m³/min;

$\sum Q_硐$——独立通风硐室需风量之和,m³/min;

$\sum Q_它$——其他用风地点需风量之和,m³/min;

K——矿井通风系数。当采用压入式或中央并列式通风时,$K = 1.2~1.25$;当采用中央分列式或混合式通风时,$K = 1.15~1.20$;当采用对角式或区域式通风时,$K = 1.10~1.15$;矿井年产量 $T \geq 0.9$ Mt 时,取小值,$T < 0.9$ Mt 时,取大值。

(3)矿井总风量的分配

1)分配原则

矿井总风量确定后,分配到各用风地点的风量应不得低于其计算的需风量;所有巷道都应

分配一定的风量;分配后的风量应保证井下各处瓦斯及有害气体浓度、风速等满足《煤矿安全规程》的各项要求。

2)分配的方法

首先按照采区布置图,对各采煤、掘进工作面、独立回风硐室按其需风量配给风量,余下的风量按采区产量、采掘工作面数目、硐室数目等分配到各采区,再按一定比例分配到其他用风地点,用以维护巷道和保证行人安全。风量分配后,应对井下各通风巷道的风速进行验算,使其符合《煤矿安全规程》对风速的要求。

 任务实施

(1)任务准备

课件,多媒体设备,视频资料等。

(2)重点梳理

①矿井需风量的计算。
②矿井风量的分配原则和方法。

(3)任务应用

应用 8.3　某矿井炮采工作面瓦斯绝对涌出量为 2.8 m³/min,进风流中不含瓦斯;工作面采高 2.0 m,平均控顶距 3.2 m,温度 21 ℃;工作面最大班工作人数为 22 人;该工作面一次起爆炸药为 10 kg;试计算该工作面的需风量。

任务 8.3　计算矿井通风总阻力

 任务目标

1.掌握矿井通风阻力计算原则。
2.掌握矿井通风阻力计算方法。

 任务描述

矿井通风阻力是矿井通风设计最重要的指标之一。它是选择正确风机的必须参数。阻力的计算需要选择合适的路线,一般要按照两个时期即通风容易和困难时期来分别进行计算。矿井通风阻力及相关参数经常通过测定获取。本任务主要介绍矿井阻力的计算原则和方法。

 知识准备

（1）矿井通风总阻力的计算原则

①如果矿井服务年限不长（10~20 年），选择达到设计产量后通风容易和困难两个时期分别计算其通风阻力；若矿井服务年限较长（30~50 年），只计算头 15~25 年通风容易和困难两个时期的通风阻力。为此，必须先绘出这两个时期的通风网络图。

②通风容易和通风困难两个时期总阻力的计算，应沿着这两个时期的最大通风阻力风路，分别计算各段井巷的通风阻力，然后累加起来，作为这两个时期的矿井通风总阻力。最大通风阻力风路可根据风量和巷道参数（断面积、长度等）直接判断确定，不能直接确定时，应选几条可能最大的路线进行计算比较。

③矿井通风总阻力不应超过 2 940 Pa。

④矿井井巷的局部阻力，新建矿井（包括扩建矿井独立通风的扩建区）宜按井巷摩擦阻力的 10%计算；扩建矿井宜按井巷摩擦阻力的 15%计算。

（2）矿井通风总阻力的计算方法

沿矿井通风容易和通风困难两个时期通风阻力最大的风路（入风井口到风硐之前），分别计算各段井巷的摩擦阻力为

$$h_摩 = \frac{\alpha L U}{S^3} \cdot Q^2 \tag{8.18}$$

α 值可从附录 2 中查得，或选用相似矿井的实测数据。

将各段井巷的摩擦阻力累加后并乘以考虑局部阻力的系数即为两个时期的井巷通风总阻力，即

$$h_{阻大} = (1.1 \sim 1.15) \sum h_{摩大} \tag{8.19}$$

$$h_{阻小} = (1.1 \sim 1.15) \sum h_{摩小} \tag{8.20}$$

有时，可计算两个时期的矿井总风阻和总等积孔为

$$R_大 = \frac{h_{阻大}}{Q^2} \tag{8.21}$$

$$R_小 = \frac{h_{阻小}}{Q^2} \tag{8.22}$$

$$A_大 = 1.19 \frac{Q}{\sqrt{h_{阻大}}} \tag{8.23}$$

$$A_小 = 1.19 \frac{Q}{\sqrt{h_{阻小}}} \tag{8.24}$$

任务实施

（1）任务准备

课件,多媒体设备,矿井实测资料。

（2）重点梳理

①矿井阻力计算原则。
②矿井阻力计算方法。

（3）任务应用

应用 8.4　请同学们根据表 8.5 阻力测定表已有信息,完成其他信息。

表 8.5　某巷道阻力测定表

井巷代号	井巷名称	巷道风量/(m³·min⁻¹)	长度/m	平均断面积/m²	平均周长/m	通风阻力/Pa	风阻/(Ns²·m⁻⁸)	标准风阻/(Ns²·m⁻⁸)	百米风阻/(Ns²·m⁻⁴)	标准百米风阻/(Ns²·m⁻⁴)	阻力系数/(Ns²·m⁻⁴)	巷道形状	支护方式
A1—A2	总回风巷	1 756	408	5.61	9.870 0	87.18						梯形	裸岩
A2—A3	总回风上山	1 710	299	3.90	7.581 6	388.25						拱形	工字钢
A3—A4	回风联络巷	1 217	132	3.73	7.414 1	107.55						拱形	砌碹
A4—A5	绞车房回风上山	1 137	445	3.26	6.922 4	420.49						拱形	砌碹
A5—A6	反石门上山下口至 C2 回风上山上口回风平巷	1 116	900	3.58	6.850 0	790.65						拱形	裸岩
A6—A7	C2 回风上山	339	200	6.50	9.100 9	49.52						拱形	裸岩
A7—A8	C2 回风上山下口至 2 石门车场	335	20	5.45	8.694 4	7.69						拱形	裸岩
A8—A9	2 石门车场至 C3 下山绞车房	299	205	3.46	7.109 1	37.38						拱形	砌碹

任务 8.4　选择矿井通风设备

任务目标

1.熟悉矿井通风设备的基本要求。
2.掌握矿井通风机选择方法。

任务描述

矿井通风机是矿井通风的心脏,也是保证通风安全的核心设备。如果通风机选择过大会形成大马拉小车的情况,形成电力能源的浪费;如果选择过小,则会满足不了井下通风需要。因此,矿井必须根据设计需要选择合适通风机。本任务介绍了矿井通风机的选择要求和方法。

知识准备

（1）选择矿井通风设备的基本要求

①矿井每个装备主要通风机的风井,均要在地面装设两套同等能力的通风设备。其中,一套工作,一套备用,交替工作。

②选择的通风设备应能满足第一开采水平各个时期的工况变化,并使通风设备长期高效运行。当工况变化较大时,应根据矿井分期时间及节能情况,分期选择电动机。

③通风机能力应留有一定的余量。轴流式、对旋式通风机在最大设计负压和风量时,叶轮叶片的运转角度应比允许范围小 5°;离心式通风机的选型设计转速不宜大于允许最高转速的 90%。

④进、出风井井口的高差在 150 m 以上,或进、出风井口标高相同,但井深 400 m 以上时,宜计算矿井的自然风压。

（2）主要通风机的选择

1）计算通风机的风量 $Q_{通}$

考虑到外部漏风（即井口防爆门及主要通风机附近的反风门等处的漏风）,主要通风机风量可计算为

$$Q_{通} = k Q_{矿} \tag{8.25}$$

式中　$Q_{矿}$——矿井总风量,m^3/s;

　　　k——漏风损失系数,风井无提升任务时,取 1.1;箕斗井兼作回风井时,取 1.15;回风井兼做升降人员时,取 1.2。

2)**计算通风机的风压 $H_全$（或 $H_静$）**

通风机全压 $H_全$ 和矿井自然风压 $H_自$ 共同作用,克服矿井通风系统的总阻力 $h_阻$、风硐阻力 $h_硐$ 以及扩散器出口动能损失 $h_扩}$。当自然风压与通风机风压同向时取"−",反之取"+",即

$$H_全 = h_阻 + h_硐 + h_扩 \pm H_自 \tag{8.26}$$

风硐阻力一般不超过 $100\sim200\ \text{Pa}$。

通常离心式风机提供的大多是全压曲线,而轴流式、对旋式通风机提供的大多是静压曲线。因此,对抽出式通风矿井:

离心式通风机:

容易时期

$$H_{全小} = h_{阻小} + h_硐 + h_扩 - H_自 \tag{8.27}$$

困难时期

$$H_{全大} = h_{阻大} + h_硐 + h_扩 + H_自 \tag{8.28}$$

轴流式(或对旋式)通风机:

容易时期

$$H_{静小} = h_{阻小} + h_硐 - H_自 \tag{8.29}$$

困难时期

$$H_{静大} = h_{阻大} + h_硐 + H_自 \tag{8.30}$$

对于压入式通风矿井,式(8.27)及式(8.28)中的 $h_扩$ 应改为出风井的出口动压。

3)**选择通风机**

根据计算的矿井通风容易时期通风机的 $Q_通$、$H_{静小}$(或 $H_{全小}$)和困难时期通风机的 $Q_通$、$H_{静大}$(或 $H_{全大}$),在通风机的个体特性图表(如附录4)上选择合适的主要通风机。判别是否合适,要看上面两组数据所构成的两个时期的工作点是否都在通风机个体特性曲线的合理工作范围内。

选定以后,即可得出两个时期主要通风机的型号、动轮直径、动轮叶片安装角(指轴流式或对旋式风机)、转速、风压、风量、效率及输入功率等技术系数,并列表整理。

4)**选择电动机**

①计算通风机输入功率

按通风容易和困难时期,分别计算通风机输入功率 $N_{电小}$,$N_{电大}$ 为

$$N_{电小} = \frac{Q_通 H_{静小}}{1\ 000\eta_静} \tag{8.31}$$

$$N_{电大} = \frac{Q_通 H_{静大}}{1\ 000\eta_静} \tag{8.32}$$

或

$$N_{电小} = \frac{Q_通 H_{全小}}{1\ 000\eta_全} \tag{8.33}$$

$$N_{电大} = \frac{Q_通 H_{全大}}{1\ 000\eta_全} \tag{8.34}$$

式中　$\eta_静$,$\eta_全$——通风机静压效率和全压效率;

$N_{电小}$，$N_{电大}$——矿井通风容易时期和困难时期通风机的输入功率。

②选择电动机 $N_{电大}$ 时

当 $N_{电小} \geqslant 0.6 N_{电大}$ 时，可选一台电动机，其功率为如下：

初期

$$N_{电} = \frac{N_{电大} k_{电}}{\eta_{电} \, \eta_{传}}$$ (8.35)

当 $N_{电小} < 0.6 N_{电大}$ 时，选两台电动机，其功率如下：

初期

$$N_{电小} = \frac{k_{电} \sqrt{N_{电小} N_{电大}}}{\eta_{电} \, \eta_{传}}$$ (8.36)

后期按式(8.35)计算。

式中　$k_{电}$——电动机容量备用系数，$k_{电} = 1.1 \sim 1.2$；

　　　$\eta_{电}$——电动机效率，$\eta_{电} = 0.92 \sim 0.94$(大型电机取较高值)；

　　　$\eta_{传}$——传动效率，电动机与通风机直联时，$\eta_{传} = 1$；皮带传动时，$\eta_{传} = 0.95$。

电动机功率在 $400 \sim 500$ kW 以上时，宜选用同步电动机。其优点是低负荷运转时，用来改善电网功率因数，使矿井经济用电。其缺点是这种电动机的购置和安装费较高。

 任务实施

(1)任务准备

课件，多媒体设备，矿井实测资料。

(2)重点梳理

①矿井风机选择原则。

②矿井风机选择方法。

(3)任务应用

应用 8.5　请同学根据表 8.6 的信息，完成风机选型(建议从 FBDZ 系列风机中选择)。

表 8.6　风机选型基本参数

容易时期风机 需风量/(m³·min⁻¹)	容易时期风机静压/Pa	困难时期风机 需风量/(m³·min⁻¹)	困难时期风机静压/Pa
6 060	2 653	7 980	3 543

任务 8.5　概算矿井通风费用

任务目标

1.熟悉吨煤电费计算。
2.熟悉其他通风费用计算。

任务描述

矿井通风费用是通风设计和管理的重要经济指标,一般用吨煤通风成本,即矿井每采一吨煤的通风总费用表示。它包括吨煤通风电费和通风设备折旧费、材料消耗费、工作人员工资、专用通风巷道折旧与维护费、仪表购置与维修费等其他通风费用。本任务对矿井通风费用计算进行了介绍。

知识准备

（1）吨煤通风电费

吨煤通风电费为主要通风机年耗电费及井下辅助通风机、局部通风机电费之和除以年产量。可计算为

$$W_0 = \frac{(E + E_A)D}{T} \tag{8.37}$$

式中　W_0——吨煤通风电费,元/t;

E——主要通风机年耗电量,kW·h/a。

通风容易时期和困难时期共选一台电动机时

$$E = \frac{8\,760N_{电大}}{k_{电}\,\eta_{变}\,\eta_{缆}}$$

选两台电动机时

$$E = \frac{4\,380(N_{电大} + N_{电小})}{k_{电}\,\eta_{变}\,\eta_{缆}}$$

式中　E_A——局部通风机和辅助通风机的年耗电量,kW·h/a;

D——电价,元/kW·h;

$k_{电}$——电动机容量备用系数,$k_{电} = 1.1 \sim 1.2$;

$\eta_{变}$——变压器效率,可取 0.95;

$\eta_{缆}$——电缆输电效率,取决于电缆长度和每米电缆耗损,在 $0.90 \sim 0.95$ 内选取。

（2）其他吨煤通风费用

1）设备折旧费

通风设备折旧费与设备数量、成本及服务年限有关，可用表8.7计算。吨煤通风设备折旧费 W_1 可计算为

$$W_1 = \frac{G_1 + G_2}{T} \tag{8.38}$$

表 8.7 通风成本计算表

序号	设备名称	计算单位	数量	单位成本	总成本			服务年限	每年的折旧费		备注
					设备费	运转及安装费	总计		基本投资折旧费	大修理折旧费	

2）材料消耗费

吨煤通风材料消耗费 W_2（元/t）可计算为

$$W_2 = \frac{C}{T} \tag{8.39}$$

式中　C——通风材料消耗总费用（包括各种通风构筑物的材料费、通风机和电动机润滑油料费等），元/a。

3）通风工作人员工资费

吨煤通风工作人员工资费用 W_3（元/t）可计算为

$$W_3 = \frac{A}{T} \tag{8.40}$$

式中　A——矿井通风工作人员每年工资总额，元/a。

4）专为通风服务的井巷工程折旧费和维护费

折算至吨煤的费用为 W_4（元/t）。

5）通风仪表购置费和维修费

吨煤通风仪表购置费和维修费为 W_5（元/t）。

吨煤通风成本 W（元/t）可计算为

$$W = W_0 + W_1 + W_2 + W_3 + W_4 + W_5 \tag{8.41}$$

 任务实施

（1）任务准备

课件，多媒体设备，矿井收集的资料。

（2）**重点梳理**

①吨煤电费计算方法。
②吨煤通风成本计算。

（3）**任务应用**

应用 8.6　假设一台功率为 2×230 kW 的对旋式主要通风机,电费为 0.5 元/（kW·h）,计算每年主要通风机电费。

附　录

附录 1　饱和水蒸气量、饱和水蒸气压力及空气湿度查询

标准大气压下不同温度时的饱和水蒸气量、饱和水蒸气压力及空气湿度查询表见附表1.1和附表1.2。

附表 1.1　在标准大气压下不同温度时的饱和水蒸气量、饱和水蒸气压力

温度/℃	饱和水蒸气量/(g·m⁻³)	饱和水蒸气压力/Pa	温度/℃	饱和水蒸气量/(g·m⁻³)	饱和水蒸气压力/Pa
−20	1.1	128	8	8.3	1 068
−15	1.6	193	9	8.8	1 143
−10	2.3	288	10	9.4	1 227
−5	3.4	422	11	9.9	1 311
0	4.9	610	12	10.0	1 402
1	5.2	655	13	11.3	1 496
2	5.6	705	14	12.0	1 597
3	6.0	757	15	12.8	1 704
4	6.4	811	16	13.6	1 817
5	6.8	870	17	14.4	1 932
6	7.3	933	18	15.3	2 065
7	7.7	998	19	16.2	2 198

温度/℃	饱和水蒸气量/(g·m⁻³)	饱和水蒸气压力/Pa	温度/℃	饱和水蒸气量/(g·m⁻³)	饱和水蒸气压力/Pa
20	17.2	2 331	26	24.2	3 357
21	18.2	2 491	27	25.6	3 557
22	19.3	2 638	28	27.0	3 784
23	20.4	2 811	29	28.5	4 010
24	21.6	2 984	30	30.1	4 236
25	22.9	3 171	31	31.8	4 490

附表 1.2　由风扇湿度计读数值查相对湿度

湿球温度/℃	干湿温度计示度度差/℃														
	0	0.5	1.0	1.5	2.0	2.5	3.0	3.5	4.0	4.5	5.0	5.5	6.0	6.5	7.0
	相对湿度 φ/%														
0	100	91	83	75	67	61	54	48	42	37	31	27	22	18	14
1	100	91	83	76	69	62	56	50	44	39	34	30	25	21	17
2	100	92	84	77	70	64	58	52	47	42	37	33	28	24	21
3	100	92	85	78	72	65	60	54	49	44	39	35	31	27	23
4	100	93	86	79	73	67	61	56	51	46	42	37	33	30	26
5	100	93	86	80	74	68	63	57	53	48	44	40	36	32	29
6	100	93	87	81	75	69	64	59	54	50	46	42	38	34	31
7	100	93	87	81	76	70	65	60	56	52	48	44	40	37	33
8	100	94	88	82	76	71	66	62	57	53	49	46	42	39	35
9	100	94	88	82	77	72	68	63	59	55	51	47	44	40	37
10	100	94	88	83	78	73	69	64	60	56	52	49	45	42	39
11	100	94	89	84	79	74	69	65	61	57	54	50	47	44	41
12	100	94	89	84	79	75	70	66	62	59	55	52	48	45	42

续表

湿球温度/℃	干湿温度计示度度差/℃														
	0	0.5	1.0	1.5	2.0	2.5	3.0	3.5	4.0	4.5	5.0	5.5	6.0	6.5	7.0
	相对湿度 φ/%														
13	100	95	90	85	80	76	71	67	63	60	56	53	50	47	44
14	100	95	90	85	81	76	72	68	64	61	57	54	51	48	45
15	100	95	90	85	81	77	73	69	65	62	59	55	52	50	47
16	100	95	90	86	82	78	74	70	66	63	60	57	54	51	48
17	100	95	91	86	82	78	74	71	67	64	61	58	55	52	49
18	100	95	91	87	83	79	75	71	68	65	62	59	56	53	50
19	100	95	91	87	83	79	76	72	69	65	62	59	57	54	51
20	100	96	91	87	83	80	76	73	69	66	63	60	58	55	52
21	100	96	92	88	84	80	77	73	70	67	64	61	58	56	53
22	100	96	92	88	84	81	77	74	71	68	65	62	59	57	54
23	100	96	92	88	84	81	78	74	71	68	65	63	60	58	55
24	100	96	92	88	85	81	78	75	72	69	66	63	61	58	56
25	100	96	92	89	85	82	78	75	72	69	67	64	62	59	57
26	100	96	92	89	85	82	79	76	73	70	67	65	62	60	57
27	100	96	93	89	86	82	79	76	73	71	68	65	63	60	58
28	100	96	93	89	86	83	80	77	74	71	68	66	63	61	59
29	100	96	93	89	86	83	80	77	74	72	69	66	64	62	60
30	100	96	93	90	86	83	80	77	75	72	69	67	65	62	60
31	100	96	93	90	87	84	81	78	75	73	70	68	65	63	61
32	100	97	93	90	87	84	81	78	76	73	71	68	66	63	61

附录2　井巷摩擦阻力系数

α 值表$(\rho = 1.2 \text{ kg/m}^3)$

（1）水平巷道

1）不支护巷道 $\alpha \times 10^4$ 值

附表 2.1　不支护巷道的 $\alpha \times 10^4$ 值

巷道壁的特征	$\alpha \times 10^4$
顺走向在煤层开掘的巷道	58.8
交叉走向在岩层里开掘的巷道	68.6～78.4
巷壁与底板粗糙度相同的巷道	58.8～78.4
同上，在底板阻塞情况下	98～147

2）混凝土砖及砖石砌碹的平巷 $\alpha \times 10^4$ 值

附表 2.2　砌碹平巷的 $\alpha \times 10^4$ 值

类　　型	$\alpha \times 10^4$
混凝土砌碹、外抹灰浆	29.4～39.2
混凝土砌碹、不抹灰浆	49～68.6
砖砌碹、外抹灰浆	24.5～29.4
砖砌碹、不抹灰浆	29.4～30.2
料石砌碹	39.2～49

注：巷道断面小者取大值。

3）原木棚子支护的巷道 $\alpha \times 10^4$ 值

附表 2.3　原木棚子支护的巷道 $\alpha \times 10^4$ 值

木柱直径 d_0/cm	支架纵口径 $\Delta = L/d_0$ 时的 $\alpha \times 10^4$ 值							按断面校正	
	1	2	3	4	5	6	7	断面/m²	校正系数
15	88.2	115.2	137.2	155.8	174.4	164.6	158.8	1	1.2
16	90.16	118.6	141.1	161.7	180.3	167.6	159.7	2	1.1
17	92.12	121.5	141.1	165.6	185.2	169.5	162.7	3	1.0

续表

木柱直径 d_0/cm	支架纵口径 $\Delta=L/d_0$ 时的 $\alpha\times10^4$ 值							按断面校正	
	1	2	3	4	5	6	7	断面/m²	校正系数
18	94.03	123.5	148	169.5	190.1	171.5	164.6	4	0.93
20	96.04	127.4	154.8	177.4	198.9	175.4	168.6	5	0.89
22	99	133.3	156.8	185.2	208.7	178.4	171.5	6	0.8
24	102.9	138.9	167.6	193.1	217.6	192	174.4	8	0.82
26	104.9	143.1	174.4	199.9	225.4	198	180.3	10	0.78

注:表中 $\alpha\times10^4$ 值适合于支架后净断面 $s=3$ m² 的巷道,对于其他断面的巷道应乘以校正系数。

4)金属支架的巷道 $\alpha\times10^4$ 值

①工字梁拱形和梯形支架巷道的 $\alpha\times10^4$ 值

附表 2.4　工字梁拱形和梯形支架巷道的 $\alpha\times10^4$ 值

金属梁尺寸	支架纵口径 $\Delta=L/d_0$ 时的 $\alpha\times10^4$ 值					按断面校正	
	2	3	4	5	8	断面/m²	校正系数
10	107.8	147	176.4	205.4	245	3	1.08
12	127.4	166.6	205.8	245	294	4	1.00
14	137.2	186.2	225.4	284.2	333.2	6	0.91
16	147	205.8	254.8	313.6	392	8	0.88
18	156.8	225.4	294	382.2	431.2	10	0.84

注:d_0 为金属梁截面的高度。

②金属横梁和帮柱混合支护的平巷 $\alpha\times10^4$ 值

附表 2.5　金属梁、柱支护的平巷 $\alpha\times10^4$ 值

边柱厚度 d_0/cm	支架纵口径 $\Delta=L/d_0$ 时的 $\alpha\times10^4$ 值					按断面校正	
	2	3	4	5	6	断面/m²	校正系数
40	156.8	176.4	205.8	215.6	235.2	3	1.08
						4	1.00
						6	0.91
						8	0.88
50	166.6	196.0	215.6	245.0	264.6	10	0.84

注:1."帮柱"是混凝土或砌碹的柱子,呈方形;
　　2.顶梁是由工字钢或 16 号槽钢加工的。

5）钢筋混凝土预制支架的 $\alpha \times 10^4$ 值

钢筋混凝土预制支架的巷道 $\alpha \times 10^4$ 值为 88.2~186.2 Ns/m^4（纵口径大，取值也大）。

6）锚杆或喷浆巷道的 $\alpha \times 10^4$ 值

锚杆或喷浆巷道的 $\alpha \times 10^4$ 值为 78.4~117.6 Ns/m^4。

对于装有皮带运输机的巷道 $\alpha \times 10^4$ 值可增加为 147~196 Ns/m^4。

（2）井筒、暗井及溜槽

① 无任何装备的清洁的混凝土和钢筋混凝土井筒 $\alpha \times 10^4$ 值，见附表 2.6。

附表 2.6　无准备混凝土井筒 $\alpha \times 10^4$ 值

井筒直径/m	井筒断面/m^2	$\alpha \times 10^4$ 值	
		平滑的混凝土	不平滑的混凝土
4	12.6	33.3	39.2
5	19.6	31.4	37.2
6	28.3	31.4	37.2
7	38.5	29.4	35.3
8	50.3	29.4	35.3

② 砖和混凝土砖砌的无任何装备的井筒，其 $\alpha \times 10^4$ 值按附表 2.4 增大 1 倍。

③ 有装备的井筒，井壁用混凝土、钢筋混凝土、混凝土砖及砖、砌碹的平巷 $\alpha \times 10^4$ 值为 343~490 Ns/m^4。选取时，应考虑到罐道梁的间距、装备物口径以及有无梯子间规格等。

④ 木支柱的暗井和溜道 $\alpha \times 10^4$ 值见附表 2.7。

附表 2.7　木支柱的暗井和溜道 $\alpha \times 10^4$ 值

井筒特征	断面/m^2	$\alpha \times 10^4$ 值
人行格间有平台的溜道	9	460.6
有人行格间的溜道	1.95	196
下放煤的溜道	1.8	156.8

（3）矿井巷道 $\alpha \times 10^4$ 值的实际资料

沈阳煤矿设计院根据在抚顺、徐州、新汶、阳泉、大同、梅田、鹤岗 7 个矿务局 14 个矿井的实测资料，编制的供通风设计参考的 $\alpha \times 10^4$ 值见附表 2.8。

附表 2.8　井巷摩擦阻力系数 $\alpha \times 10^4$ 值

序号	巷道支护形式	巷道类别	巷道避免特征	$\alpha \times 10^4$ 值	选取参考
1	锚喷支护	轨道平巷	光面爆破,凹凸度<150	50~77	断面大,巷道整洁凹凸度<50,近似砌碹的取小值;新开采区巷道,断面较小的取大值;断面大而成型差,凹凸度大的取大值
			普通爆破,凹凸度>150	83~103	巷道整洁,底板喷水泥抹面的取小值;无巷道碴和锚杆外露的取大值
		轨道斜巷(设有行人台阶)	光面爆破,凹凸度<150	81~89	兼流水巷和无轨道的取小值
			普通爆破,凹凸度>150	93~121	兼流水巷和无轨道的取小值;巷道成型不规整,底板不平的取大值
		通风行人巷(无轨道、台阶)	光面爆破,凹凸度<150	68~75	地板不平,浮矸多的取大值;自然顶板层面光滑的底板积水的取小值
			普通爆破,凹凸度>150	75~97	巷道平直,底板淤泥积水的取小值;四壁积尘,不整洁的老巷有少量杂物堆积取大值
		通风行人巷(无轨道、有台阶)	光面爆破,凹凸度<150	72~84	兼流水巷的取小值
			普通爆破,凹凸度>150	84~110	流水冲沟使底板严重不平的 α 值大
		胶带输送机(铺轨)	光面爆破,凹凸度<150	85~120	断面较大,全部喷混凝土固定道床的 α 值为85。其余的一般均应取偏大值。吊挂胶带输送机宽为800~1 000
			普通爆破,凹凸度>150	119~174	巷道底平,整洁的巷道去小值;底板不平,铺轨无道碴,胶带输送机卧底,积煤泥的取大值。落地胶带输送机宽为1.2 m
2	喷砂浆支护	轨道平巷	普通爆破,凹凸度>150	78~81	喷砂浆支护与喷混凝土支护巷道的摩擦阻力系数相近,同种类别巷道可按锚杆的选择
3	锚杆支护	轨道平巷	锚杆外露100~200锚杆间距600~1 000	94~149	铺笆规整,自然顶板平整光滑的取小值;壁面波状凹凸度>150,近似不规则的裸巷状取大值;沿煤顺槽,底板的为松散浮煤,一般取中值
		胶带输送机巷(铺轨)	锚杆外露150~200锚杆间距600~800	127~153	落地式胶带输送机为800~1 000。断面小,铺笆不规整的取大值;断面大,自然顶板平整光滑的取小值

序号	巷道支护形式	巷道类别	巷道避免特征	$\alpha \times 10^4$ 值	选取参考
4	料石砌碹支护	轨道平巷	壁面粗糙	49~61	断面大的去小值;断面小的取大值。巷道洒水清洁的取小值
		轨道平巷	壁面平滑	38~44	断面大的去小值;断面小的取大值。巷道洒水清洁的取小值
		胶带输送机斜巷(铺轨设有行人台阶)	壁面粗糙	100~158	钢丝绳胶带输送机宽为1 000,下限值为推测值,供选取参考
5	毛石砌碹支护	轨道平巷	壁面粗糙	60~80	
6	混凝土棚支护	轨道平巷	断面5~9,纵口径4~5	100~190	依纵口径、断面选取 α 值。巷道整洁的完全棚,纵口径小的取小值
7	U形钢支护	轨道平巷	断面5~8,纵口径4~8	135~181	按纵口径、断面选取,纵口径大的、完全棚支护的取小值。不完全棚大于完全棚的 α
		胶带输送机巷(铺轨)	断面9~10,纵口径4~8	209~226	落地式胶带宽为800~1 000,包括工字钢梁U形钢腿的支架
8	工字钢、钢轨支护	轨道平巷	断面4~6,纵口径7~9	123~134	包括工字钢与钢轨的混合支架。不完全棚支护的 α 值大于完全棚支护的,纵口径=9取小值
		胶带输送机巷(铺轨)	断面9~10,纵口径4~8	209~226	工字钢与U形钢的混合支架与第7项胶带输送机巷是近似,单一种支护与混合支护 α 近似

续表

序号	巷道支护形式	巷道类别	巷道避免特征	$\alpha \times 10^4$ 值	选取参考
9	综采工作面	掩护式支架	采高<2 m,德国 ws1.7双柱式	300~330	系数值包括采煤机在工作面内的附加阻力(以下同)
			采高 2~3 m,德国 ws1.7双柱式,德国贝考瑞特,国产 ok Ⅱ型	260~310	分层开采铺金属网和工作面片帮严重、堆积浮煤多的取大值
			采高>3 m,德国 ws1.7双柱式		支架设备部整齐,有露顶的取大值
		支撑掩护式支架	采高 2~3 m,过产ZY-3,4柱式	320~350	采高局部有变化,支架不齐,则取大值
		支撑掩护式	采高 2~3 m,英国 DT,4柱式	330~420	支架设备不整齐则取大值
10	普采工作面	单体液压支柱	采高<2 m	420~500	
		金属摩擦支柱铰接顶梁	采高<2 m,DY-100型采煤机	450~550	支架排列较整齐,工作面内有少量金属支柱等堆积物可取小值
		木支柱	采高<1.2 m,木支架较乱	600~650	
11	炮采工作面	金属摩擦支柱铰接顶梁	采高<1.8 m,支架整齐	270~350	工作面每隔 10 m 用木垛支撑的实测 α 值为 954~1 050
		木支柱	采高<1.2 m,支架整齐	300~350	
			采高<1.2 m,支架较乱	400~450	

附录 3　井巷局部阻力系数 ξ 值表

附表 3.1　各种巷道突然扩大与突然缩小的 ξ（光滑管道）

S_1/S_2	1	0.9	0.8	0.7	0.6	0.5	0.4	0.3	0.2	0.1	0.01	0
	0	0.01	0.04	0.09	0.16	0.25	0.36	0.49	0.64	0.81	0.98	1.0
	0	0.05	0.10	0.15	0.20	0.25	0.30	0.35	0.40	0.45	0.50	

附表 3.2　其他几种局部阻力的 ξ 值（光滑管道）

0.6	0.1	0.2	有导风板的 0.2 无导风板的 1.4	0.75, 当 $R_1=1/3b$ 0.52, 当 $R_1=2/3b$	0.6,当 $R_1=1/3b$, $R_2=3/2b$ 0.3,当 $R_1=2/3b$, $R_2=17/10b$
3.6, 当 $S_2=S_2$, $V_2=V_3$ 时	2.0, 当风速为 V_2 时	1.0, 当 $V_1=V_3$ 时	1.5, 当风速为 V_2 时	1.5, 当风速为 V_2 时	1.0, 当风速为 V 时

附录 4　轴流式风机 FBCDZ 系列风机个体特性曲线举例

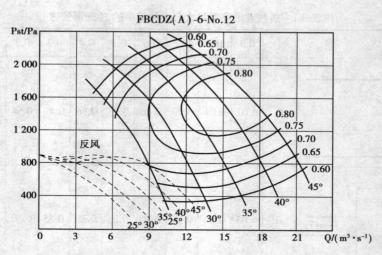

附图 4.1　FBCDZ(A)-6-No.12 风机个体特性曲线

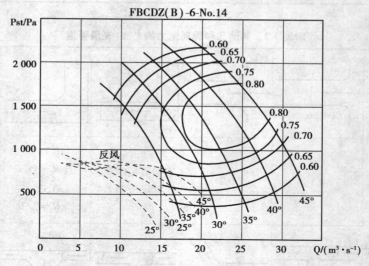

附图 4.2　FBCDZ(B)-6-No.14 风机个体特性曲线

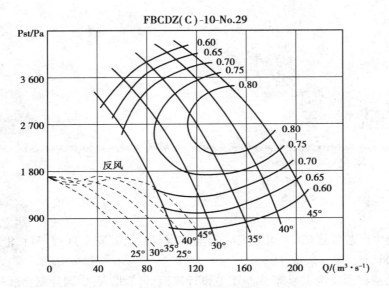

附图 4.3 FBCDZ(C)-10-No.29 风机个体特性曲线

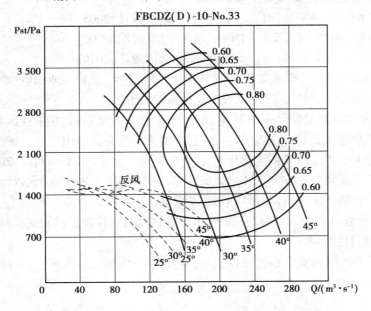

附图 4.4 FBCDZ(D)-10-No.33 风机个体特性曲线

参考文献

［1］国家安全生产监督管理局(国家煤矿安全监察局).煤矿安全规程［M］.北京:煤炭工业出版社,2006.

［2］中华人民共和国煤炭工业部.煤炭工业设计规范［M］.北京:中国计划出版社,2004.

［3］中华人民共和国建设部.煤炭工业小型矿井设计规范［M］.北京:中国计划出版社,2007.

［4］王永安,李永怀.矿井通风［M］.北京:煤炭工业出版社,2005.

［5］张国枢.通风安全学［M］.徐州:中国矿业大学出版社,2000.

［6］喻晓峰,刘其志.矿井通风［M］.重庆:重庆大学出版社,2010.

［7］张荣立,何国纬,李铎,等.采矿工程设计手册［M］.北京:煤炭工业出版社,2003.

［8］王文才.矿井通风学［M］.北京:机械工业出版社,2015.

［9］胡汉华.矿井通风系统设计——原理、方法与实例［M］.北京:化学工业出版社,2010.

［10］韩文东.矿井通风工基本技能［M］.北京:中国劳动社会保障出版社,2009.

［11］王永前.特大型矿井通风系统优化与技术改造［M］.北京:科学出版社,2014.

［12］邢媛媛.矿井通风与安全实用技术研究［M］.北京:中国水利水电出版社,2014.

［13］辛嵩.矿井通风技术与空调［M］.北京:煤炭工业出版社,2014.

［14］国家标准化委员会.MT/T 442—1995 矿井通风网络解算程序编制通用规则［M］.北京:中国质检出版社,2014.

［15］胡献伍.矿井通风与安全检测仪器仪表［M］.北京:煤炭工业出版社,2014.